# 다윈의
# 비밀노트

# 다원의
# 비밀노트

## DARWIN'S NOTEBOOK

찰스 다윈의 삶, 시대 그리고 발견들

조나단 클레멘츠 지음
조혜원외 2명 옮김

역자 약력  조혜원(죽전고등학교 교사)서울대학교 대학원 과학교육학(생물)석사
정기영(동탄국제고등학교 교사)서울대학교 대학원 과학교육학(지구과학)석사
최  섭(서울휘경초등학교 교사)서울대학교 대학원 과학교육학(생물)

진화론을 바로 이해할 때 비로서 생물을 통합적으로 바라볼 수 있습니다. 이 책은 다윈의 사고과정과 그 배경과정을
제시해 줌으로써 생물을 심도있게 공부하려는 학생들에게 더없이 좋은 지침서가 될 것입니다. _조혜원

세상을 바꾼 위대한 과학자 시리즈 02

# 다윈의 비밀노트

2012년 4월 25일 초판 1쇄 발행

**지은이** 조나단 클레멘츠

**옮긴이** 조혜원, 정기영, 최 섭

**발행인** 박정석

**편집/디자인** dmisen*

**마케팅** 전대권

**에디터** 박정민

**발행처** (주)씨실과 날실

**출판신고** 등록번호: 2007.6.15 제302-2007-000035호

**주소** 서울시 서초구 서초1동 1628-55호

**전화** (02)523-3143~4  **팩스** (02)597-6627


**판매대행** 도서출판 세화

**주소** 서울시 용산구 청파동 3가 128-5호

**전화** (02)719-3144~5(편집부) | **팩스** (02)719-3146

**구입문의** (02)719-3142~3 (영업부)

**홈페이지** www.sehwapub.co.kr


**정가** 20,000원

ISBN 978-89-93456-73-8 43400


DARWIN'S NOTEBOOK
by JONATHAN CLEMENTS


Copyright © 2010 The Quid Publishing


KOREAN language edition © 2012 Ssisil & Nalsil Co., Ltd.
KOREAN translation rights arranged with Quid Publishing Ltd through
EntersKorea Co., Ltd., Seoul, Korea.



이 도서는 영국 퀴드 출판그룹과의 코에디션 출판인 관계로 원서 크기 그대로 제작되었습니다. 글자가 작은 점 양해바랍니다.
*(주)씨실과 날실은 도서출판 세화의 자매회사로 초·중·고 학습 전문 출판사입니다.

# Contents

# 들어가며

어린 시절 다윈은 집안의 골칫덩이로 취급되었고, 부유하긴 했지만 어떤 재능도 없는 게으른 소년으로 생각되었다. 다윈은 우연히 잡은 기회가 아니었으면 곤충 수집을 좋아하는 목사로 생을 마감했을 것이다. 목사가 되었을지도 모른다는 사실은 다윈 자신에게조차도 이상하게 느껴질 정도였다. 그는 비글 호를 타고 전 세계를 여행하면서 일생에 걸쳐 이룰 업적에 대한 영감을 받았고, 바로 그 영감이 19세기의 위대한 과학자를 만들어 내었다.

많은 사람들이 찰스 다윈을 처음으로 진화론을 생각해낸 사람이라고 알고 있지만 찰스 다윈은 진화론을 처음으로 생각해낸 사람이 아니다. 변이라든가, 형질 전환으로 하나의 종에서 또 다른 종으로 변화한다는 생각은 그보다 훨씬 이전부터 존재했었다. 찰스 다윈의 할아버지 또한 이와 같은 생각을 했었다. 다윈의 업적은 진화론 그 자체에 있는 것이 아니라 그것을 설명한 방식에 있는 것이다. 그는 진화론의 창시자가 아니라 자연선택설의 창시자인 것이다.

다윈이 살아있을 때, 그의 생각은 제대로 이해되지 못했다. 1864년에 그는 명예로운 코플리 메달을 수상했지만, 그것은 논란이 많았던 「종의 기원에 대하여(1895)」 때문에 받은 것이 아니라 다른 업적을 인정받았기 때문이었다. 그는 죽고 나서 런던의 웨스트민스터 수도원에 묻혔다. 다윈이 성교회로부터 미움을 받았음에도 수도원에 묻힐 수 있었던 이유는 다윈이 살아 있는 동안 그의 업적을 알아보지 못했던 영국의 지배층들이 그들의 잘못을 속죄하고자 하였기 때문이었다.

「종의 기원에 대하여」는 자연선택을 설명하고 있는 책이다. 자연선택이라는 이론은 당대 과학계를 뒤흔들어 났으며 그 이후로도 150년간 지속적으로 뜨거운 논란을 일으켰다. 다윈은 진화가 존재한다는 사실을 설명한 사람이 아니라 진화가 왜 발생하는지, 어떻게 발생하는지를 최초로 설명한 사람이었다.

다윈의 생각이 충격적이었던 가장 결정적인 이유는 그의 진화에 대한 설명은 신적 존재나, 성경을 필요로 하지 않았다는 것이다. 그의 간단한 아이디어는 기존 기독교 지배층의 기저를 뒤흔들었고, 당시에 널리 퍼져 있었던 자연이 사람의 이익을 위해 존재한다는 믿음을 무너뜨렸다. 다윈은 자연선택설을 가지고 지구가 우주의 중심이 아니라고 주장했던 16세기의 코페르니쿠스와 같이 인간은 자연의 지배자가 아닌 자연의 일부에 불과하다는 것을 보여주었던 것이다.

코페르니쿠스와 마찬가지로 다윈 역시 그의 이론이 함축하고 있는 의미와 그러한 의미가 발생시킬 문제의 심각성을 알고 있었기 때문에, 처음에는 자신이 살아있을 때 책을 출판하지 않으려고 했었다.

## 전 생애를 바친 업적

「종의 기원에 대하여」는 그가 전 생애를 바친 업적이다. 그러나 그렇다고 해서 「종의 기원에 대하여」가 그가 과학에 남긴 유일한 업적이라는 의미는 아니다. 그가 저술한 책들 가운데 훗날 가장 잘 알려진 또 다른 책에는 「인류의 유래(1872)」와 「감정의 표현(1872)」이 있다. 두 권의 책은 「종의 기원에 대하여」의 한 부분으로 들어갈 뻔 했으나 공간이 부족했기 때문에 별도의 책으로 출간되었다. 처음에 다윈은 위 두 권의 책을 책이 아닌 학술지에 짧은 논문의 형태로 출판하고 싶어 했지만 그러기엔 내용이 너무 훌륭했기 때문에 결국은 책으로 출간되었다.

연구에 대한 이야기에서 잠시 벗어나보면, 다윈은 그가 가지고 있었

다윈은 보통 이 사진처럼 독특하고 무성한 턱수염이 있는 것으로 묘사된다. 그렇지만 사실 1860년대 이전의 다윈은 깔끔하게 면도를 하고 다녔다.

"나는 자연 속에 존재하는 각각의 사소한 변이가 개체에게 유용한 경우에, 그 변이가 보존된다는 원리를 자연선택이라고 불러왔다. 내가 자연선택이라는 용어를 사용한 이유는 이 원리를 인간에 의한 인위선택과 관련짓기 위해서였다."

– 자연선택을 통한 종의 기원에 대하여, 1859

던 질병 때문에 대중 앞에 나설 수가 없었다. 그래서 다윈은 전 생애를 거의 글을 쓰면서 살았다. 그는 다작을 하는 작가였다. 진화론과 자연선택설이 그의 업적으로 가장 잘 알려져 있긴 하지만, 그는 지리학이나 식물학과 관련된 연구도 많이 하였다. 그는 수십 종의 곤충들과 새들을 발견하였다. 또한 따개비에 대한 세계적인 권위자였으며 우주학이나 사회생물학의 기초가 되는 이론들을 제안하기도 하였다. 심지어 그는 심리학의 정신적인 조상으로 여겨지기도 한다.

다윈이 사망한 뒤 수십 년 동안, 그의 이론은 계속 논의되며 정교화되어왔다. 다윈의 이론들은 20세기에 좋은 방면으로 쓰이기도 했고, 나쁜 방면으로 쓰이기도 했다. 그의 이론은 인간 역사상 가장 잔혹한 행위인 우생학을 정당화하기 위해 사용되기도 했다. 다윈은 생전에 한 사람이 다른 사람에게 어느 정도까지 잔인해 질 수 있는지를 깨달았을 때 차라리 "작고 용감한 원숭이"로 여겨지는 것이 낫겠다는 기록을 남기기도 했다.

우리는 다윈의 영향에서 벗어날 수 없다. 이 위대한 사람의 업적은 우리가 누구인지, 우리의 기원이 어디인지에 대한 개념을 송두리째 바꾸어 놓았다.

# CHAPTER ONE

# 가족과 교육

# 다윈의 가계

찰스 다윈에 대해 본격적으로 알아보기 전에 그의 조상들을 먼저 살펴보자. 다윈의 친할아버지는 의사이자 발명가였다. 그는 식물의 수분에 관련된 서사시를 짓기도 했다. 다윈의 외할아버지는 부유한 공장의 주인이었다. 두 사람 모두 노예제도를 반대하였고 두 할아버지들의 이런 태도는 다윈의 부모님을 거쳐 다윈에게 까지도 전해졌다.

1) 대구를 이루는 약강 5보격의 2행시

다윈은 인생의 노년기에 할아버지가 후손들을 위해 에세이나 글이나 논문들을 남겨주셨다면 할아버지의 성격을 이해하기 쉬웠을 것이라고 회고하곤 했다. 여기서 그가 언급하고 있는 인물은 친할아버지인 에라스무스 다윈이다. 에라스무스 다윈은 증기기관과 인권을 위해 투쟁했던 18세기의 장난기 많은 인물이었다. 그는 심지어 성경의 진실성에 개인적으로 의문을 제기하기도 했다.

## 과학의 음유시인

에라스무스 다윈(1731~1802)은 영국의 노팅햄프셔 뉴워크시의 의사였다. 의사로서 꽤 성공을 거두었다. 그러나 그는 조지 3세의 왕립의원이 되는 것은 거절하였다. 대신 그는 자신의 서툰 발명품들을 가지고 놀며, 과학 철학에 대한 소소한 글을 쓰는 것을 선택했다.

그는 식물도 성(性)을 갖는다는 스웨덴의 식물학자인 린네의 주장을 영국의 식물학자들이 별다른 이유도 없이 비판하는 것을 보고, 그들이 중대한 실수를 하고 있는 것이라고 생각했다. 그는 영국의 식물학자들의 견해에 반대하는 의미로 「*식물들의 사랑*」이라는 긴 영웅시격[1]의 시를 지었다. 「*식물들의 사랑*」은 꽃들의 수분을 로맨틱한 단어들로 세심하게 묘사하고 있다. 이러한 그의 행동은 당시의 기준으로는 매우 독특한 것이었다.

다윈의 가족들은 1768년 조셉 라이트가 그린 그림인 「*공기 펌프 속에서 새를 가지고 한 실험*」에서 묘사된 구경꾼 중 한 명이 에라스무스라고 믿었다.

평소 그의 태도를 보아 찰스 다윈은 할머니들로부터 받을 유산에 대해 별로 신경 쓰지 않았던 것으로 보인다. 다윈의 친할머니인 메리 하워드는 31세의 이른 나이에 세상을 떠났다. 다윈의 외할머니였던 엠마 웨지우드는 남편과 성이 같았다. 왜냐하면 외할머니와 외할아버지는 먼 친척이었기 때문이다.

## 절대자

에라스무스 다윈은 신, 즉 절대자를 믿었다. 그러나 그는 생명체들이 살아가기 위해서 절대자가 매일매일 어떤 일을 할 것이라고 생각하지는 않았다. 그는 1754년에 "이렇게 멋진 창조물들을 만들어낸 절대자가 존재한다는 사실은 수학적으로 증명될 수 있다. 절대자가 세세한 섭리로 사물에 영향을 미치는 지는 분명하지 않다. 내 생각엔 아마도 일반적인 법칙으로 절대자가 사물에 영향을 미치는 것 같다. 지구가 태양을 도는 것에 대한 세세한 섭리가 있을 필요는 없다고 생각해볼 수도 있지 않을까?"라는 기록을 남기기도 했다.

## 생명의 실 [2]

에라스무스는 그의 책인 「동물학(1794)」에서 그의 생각을 한층 더 발전시켰다. 그는 신이 우주의 처음을 창조하였지만 그 이후로는 창조물들이 스스로 움직이도록 내버려두었으며 창조물들이 그들 자신을 개선해 나갔다고 주장했다. 에라스무스는 신이 동물들에게 수 세대가 지난 후 다른 동물로 변화할 수 있는 능력을 주었다고 생각했다.

"지구가 생성된 후 인간의 역사가 시작되기까지 굉장히 긴 시간, 아마도 수백만의 세대가 흘렀을 것이다. 살아있는 모든 동물들이 … 그들의 의지, 마음, 연상에 의해 새로운 성질을 갖는 새로운 신체 부위를 획득할 수 있는 힘을 가지고 있다고… 그래서 그들의 능력을 계속해서 발전시킬 수 있다고… 그리고 그렇게 개선된 능력을 다음 세대에 전달할 수 있고… 이렇게 세상은 끝없이 돌아간다고… 상상해보는 것은 너무 대담한 것일까?"

## 도공의 회전판

다윈의 양가 할아버지들은 모두 노예제도는 문명화된 사회에서 있을 수 없는 일이라는 것에 대해 동의했기 때문에 노예제도를 폐지하기 위해 노력했다. 에라스무스는 노예제도에 대한 분노를 시로 만들었고 다윈의 외할아버지인 조지아 웨지우드(1730~95)는 도자기에 반-노예제도 구호를 새겨 넣었다. 어린 시절 천연두로 한쪽 다리를 잃은 웨지우드는 도자기를 빚을 때 사용하는 회전판을 돌릴 수 없었다. 그래서 그는 유명한 도자기 회사인 웨지우드 공장을 설립함으로써 공장에서 도자기를 생산하였다. 아내의 재산 덕분에 그는 더욱 부자가 되었다. 그는 용광로 속의 온도를 측정하는 기구를 발명한 후에는 귀족 사회에까지도 받아들여졌다.

---

「*식물들의 사랑*」에서 발췌
-에라스무스 다윈-

현세를 살아가는 식물의 여신이여!
당신의 대수롭지 않은 손짓에
이끌린 스웨덴의 현자는
예리한 눈으로 당신의 비밀의
장소를 찾네
이슬에 젖은 골짜기, 커다란 나무,
구불구불한 물가
풀잎 하나하나에 사는 여신이
얼마나 작은지 말해주세요
꽃의 화관이 짓는 웃음은 얼마나
즐거운지
거미줄에서 어떻게 곤충들의
사랑이 피어나는지
그들의 빛을 쫓고 그들의 단서를
따르라.

Note : 에라스무스 다윈이 언급한 "스웨덴의 현자"는 생물체의 이름을 정의할 때 이명식 명명법을 사용하도록 제안한 식물학자인 카를로스 린네이다.

2) 에라스무스는 한 가닥의 생명의 실(Living filament)로부터 모든 온혈 동물이 생겨났다고 생각했다.

# 단순한 시작

찰스 다윈은 외과의사인 로버트 다윈과 수잔나 웨지우드 사이에서 태어난 다섯째 아이였다. 다윈의 어머니인 수잔나는 도자기 제조업을 하는 웨지우드 집안의 상속녀였다. 찰스 다윈은 영국 서부의 슈루즈버리에서 자랐고 다윈의 누나들은 다윈을 매우 사랑했으며 하인들이 다윈을 잘 돌봐주었다.

가끔씩 종교 때문에 다투기는 했어도 에라스무스 다윈과 조지아 웨지우드는 좋은 친구였다. 웨지우드는 유니테리언교[3]를 믿었다. 그는 예수가 위대한 선지자이자 훌륭한 사람이라고 생각했지만 예수가 신의 현신이라고는 생각하지 않았다. 이러한 생각은 한때 이단으로 생각되었으나 점차 많은 수의 신자들이 이러한 생각을 믿었다.

에라스무스는 이런 생각을 비웃었다. 그 이유는 에라스무스가 영국 교회의 일원이어서가 아니라 사실은 그가 성경을 완전히 믿고 있지 않았기 때문이었다. 그는 절대자의 존재를 믿었고 그것으로 충분했다. 그는 웨지우드의 유니테리언교를 "추락하고 있는 기독교인을 받쳐주기 위한 안식처"로 여겼다. 즉, 그는 웨지우드가 이미 불가지론이나 무신론을 믿는 단계에 들어선 것이라고 생각했다. 결국, 두 친구는 그들의 자녀, 즉 에라스무스의 아들인 로버트 다윈과 웨지우드의 맏딸인 수잔나를 결혼시키기로 했다. 조지아 웨지우드는 로버트가 수잔나에 걸맞을 만큼 재력 있는 신랑이라는 것을 보여주지 않으면 딸을 결혼식장에 보내지 않을 것이라고 고집을 피웠다. 하지만 결국 그들은 결혼했고 조지아가 세상을 떠나는 날까지도 그가 제시한 기준은 충족되지 않았다.

## 다윈의 부모님

그의 아버지와 마찬가지로 로버트 다윈도 의사였다. 그는 영국의 에딘버러 대학과 네델란드에서 가장 오래된 대학인 레이덴에서 의학을 공부했고, 피를 흘리는 환자로 실습을 하는 것이 야만적인 행위라고 생각할 만큼 현대적인 견해를 가지고 있었다. 로버트 다윈은 재정적으로 매우 성공한

**다윈의 아버지인 로버트**
부자였고, 몸무게가 꽤 나가는 시골의 의사였다.

다윈의 아버지 편 가계도와 어머니 편 가계도를 보면 훗날 찰스 다윈의 아내가 되는 엠마와 다윈이 상당히 가까운 친척 관계였음을 알 수 있다.

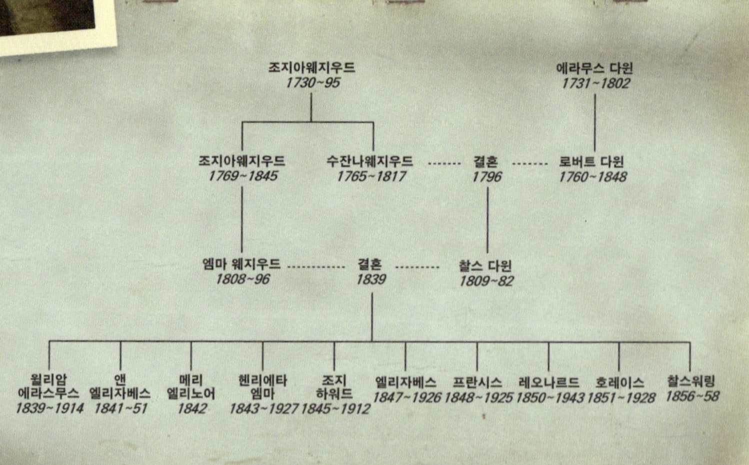

"나는 기억이 갑작스럽게 구성된다고 생각한다. 나는 어렸을 때 있었던 일을 나중에 있었던 일만큼이나 명확히 기억한다."

사람이어서 그 지역 사람들에게 수백 파운드 혹은 수천 파운드씩 돈을 빌려주기도 하였다. 로버트 다윈의 병원은 번창했고 여기서 많은 수입을 얻을 수 있었다. 게다가 로버트 다윈은 그의 아버지인 에라스무스 다윈과 그리고 두 명의 고모들로부터 상속까지 받게 되어 1796년에는 드디어 장인어른인 조지아가 말한 재정적 기준을 충족시킬 수 있었다. 로버트 다윈과 수잔나는 슬하에 6명의 자녀를 두고 있었다.

4명은 딸이었고 2명은 아들이었다. 가장 유명한 찰스 로버트 다윈은 다섯 번째 아이였다. 그의 생년월일은 1809년 2월 12일이다(에이브라함 링컨도 같은 날에 태어났다). 그는 마리안느와 캐롤라인, 수잔의 세 명의 누나와 에라스무스인 형과 에밀리라는 여동생이 있었다.

영국의 슈르즈버리에 있는 '마운트' : 다윈이 어린 시절 살던 집

## 마운트

찰스 다윈은 어린 시절 '마운트'라는 이름의 붉은 벽돌집에서 살았다. 마운트는 슈루즈버리 시내의 가장자리에 있었다. 그 집은 주거를 위한 공간이기도 했지만 일을 위한 공간이기도 했다. 현관 로비에서 왼쪽으로 돌아 들어가면 로버트의 수술실이 나왔다. 별채에는 하인들의 숙소와 마구간, 그리고 다윈 형제들이 그들의 첫 실험실로 삼은 작업실이 있었다. 로버트 다윈은 그의 정원에서 자라나는 식물들을 보며 "정원 일지"를 썼다. 그리고 1832년엔 드디어 마운트에 온실을 추가로 지었다.

## 첫 기억들

찰스 다윈의 첫 번째 기억이 그를 위해 오렌지를 잘라주던 캐롤라인 누나의 무릎에 앉아 있었던 것이다. 창 가까이에 갑자기 소가 나타나서 어린 다윈은 놀랐고 캐롤라인이 들고 있던 칼에 베어서 일생 동안 지워지지 않는 흉터가 생겼다. 또 그는 4살에 갔던 해변으로의 여행을 기억한다. 그때 그를 돌보고 있었던 것은 그의 부모님이 아니라 하녀였지만 말이다. 그는 그 외에도 유년기 시절의 기억을 가지고 있었지만 그것들은 그가 정원의 물푸레나무에 올라간 것을 어른들이 보았다고 생각했을 때 느꼈던 자신감과 허영심 같은 감정의 단편들뿐이었다.

다윈의 아동기 기억들은 대게 안전에 대한 것들이다. 예를 들면 "말의 반대 방향으로 가지마라"와 같은 경고가 있다. 이것은 과거 수로를 따라 말이 운반선을 끌던 사실에 운반선을 끄는 말고삐에 걸리지 않도록 주의하라는 의미였다.

3) 그리스도교의 정통 교의(教義)인 삼위일체론(三位一體論)의 교리에 반하여, 그리스도의 신성(神性)을 부정하고 하느님의 신성만을 인정하는 교파

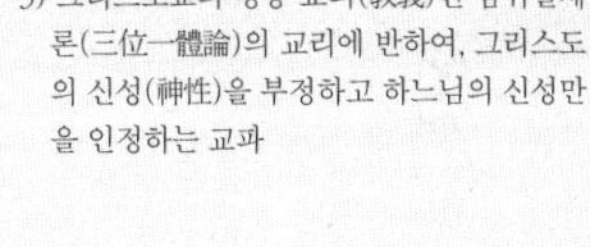

영국에 있는 성으로 둘러싸인 도시인 슈루즈버리는 웨일스와의 역사적 국경 근처에 있다.

# 유년기의 끝

다윈의 어린 시절에 대한 기억들 중에서 과학자가 되기 위한 훈련의 과정을 골라내서 제시하였다. 다윈은 그의 기억에 관심이 있었을 뿐 아니라 기억들 사이에 존재하는 빈 공간까지도 관심이 있었다. 그는 인간의 본성은 태어나기 전에 미리 정해진다고 믿었다. 다윈은 자신이 수집하는 것과 분류하는 것에 대한 관심을 타고났다고 생각했다.

성인이 된 다윈은 사람들의 기억들이 인공적으로 구성된다고 믿었다. 그는 경험들이 그대로 기록되고 보관됨으로써 기억이 만들어지기 보다는 어떤 것을 반복적으로 들을 때 머릿속에 선명한 이미지가 만들어지고 그것이 잊을 수 없는 기억이 된다고 믿었다.

이러한 이론은 왜 다윈이 그가 8살이었을 때 돌아가신 어머니에 대한 기억이 많지 않은지를 설명해준다. 다윈은 어머니의 검은색 벨벳 가운 너머로 보이는 광경이나 그녀의 옆에서 걸어 다녔던 것을 아주 조금 기억할 뿐이다. 다윈은 누나가 어머니의 때 이른 죽음을 너무 슬퍼하여 어머니에 대해 이야기해주지 않았기 때문에 자신이 어머니에 대한 기억이 거의 없는 것이라고 여겼다. 이렇게 다른 가족들이 그에게 어머니에 대해 이야기해주는 것을 꺼렸기 때문에 그는 어머니가 돌아가시는 것보다 더 먼저 있었던 사건, 예를 들면 1815년 워터루 전쟁의 승리를 축하하는 것은 기억하지만 어머니에 대한 기억은 거의 없었다.

> "나는 어머니에 대한 기억이 거의 없다. 내가 그녀에 대해서 기억하는 것이라곤 내가 어머니의 방에 들어갔을 때 아버지가 울면서 우리를 맞이했다는 것뿐이다."

## 수집에 대한 열망

다윈은 그의 어머니가 돌아가신 뒤에도 한 동안 그의 누나인 캐롤라인에게서 공부를 배웠다. 그 후엔 학교에 다니기 시작했는데 학교에 다니기 시작하고 얼마 되지 않아서 그는 특이한 물건들을 모으는데 열을 올렸다.

그는 "나는 식물들의 이름을 알아내려고 애썼고 모든 종류의 물건들,

> "나는 수집하는 것을 굉장히 좋아했고, 이러한 나의 열정은 나를 체계적인 박물학자로 만들 수도, 구두쇠로 만들 수도 있었다. 나의 열정은 매우 강했고 분명 타고난 본성이었다. 그러나 나의 형제자매들 중 나 이외에 어떤 누구도 이런 취향이 있지는 않았다."

조개껍데기, 씰, 우편물, 동전, 광물들을 모았다."라고 기록하기도 했다. 그는 학교 입구 근처에서 발견되는 모든 조약돌들을 분류하려고 시도하기도 했고 열정적인 정원사가 되기도 했다. 한번은, 다른 친구들에게 염색약이 풀린 물을 가지고 크로커스꽃의 색깔을 다른 색으로 바꿀 수 있다고 자랑을 하기도 했다. 다윈은 나이가 든 후에 자신의 아동기를 떠올리며 자신이 어릴 때 했던 행동들을 부끄러워했다. 그것은 자신이 터무니없는 거짓말을 해서가 아니라 자신이 가설을 확인해보기도 전에 심하게 자랑을 했었다는 것에 대한 부끄러움이었다.

다윈은 누나들과 웨일스로 여행을 가는 것은 좋아하지 않았지만, 여행을 가서 해변을 걸으며 조약돌과 조개껍데기를 줍는 것이 허락되면 더없이 행복해하곤 했다.

## 성벽에서의 추락

다윈의 고향인 슈르즈버리는 성벽으로 둘러싸인 도시이다. 이 성벽은 먼 옛날에 앵글로 색슨족이 세운 요새로 스크로베스버라고 불렸다. 다윈은 어린 시절 인도를 따라 걷는 것에 너무 열중한 나머지 허물어진 성벽의 2.4m 벼랑으로 떨어지기도 했다. 그렇지만 다윈은 사건 당시에 두려움보다 과학적인 탐구심을 느꼈다고 한다.

"갑작스레 떨어지는 그 짧은 순간 동안 떠오른 생각들의 개수는 각각의 생각을 하는데 상당한 시간이 필요하다는 것을 증명했어요. 그건 놀라웠어요. 생리학자들이 주장하는 것과 전혀 달랐거든요."

## 기숙학교

1818년에 다윈은 슈르즈버리에 있는 기숙학교에 보내졌다. 교장인 사무엘 버틀러(사무엘 버틀러의 아들은 수십 년 후에 다윈과 불화가 있게 된다.)는 다윈이 곧 기억도 못할 라틴어와 그리스어를 공부하도록 괴롭혔다. 다윈이 셰익스피어나 바이런의 문학작품에 큰 관심을 가지고 있었음에도 불구하고, 그의 마음은 이미 "덜 신사적인" 학문인 과학연구에 더 사로잡혀 있었다.

찰스 로버트 다윈. 9살

"사진처럼 그는 어린 시절 몸이 상당히 좋았다. 그렇지만 그가 가지고 있던 힘을 드러내 보이지는 않았다. 그는 매너가 좋았고, 우리는 그가 다른 남자아이들과 어울려 놀지 않고 집으로 곧장 돌아가는 것을 보고 그가 자존심이 강할 것이라고 생각하였다."

– 윌리엄 알 포드 레이턴, 학교 친구

# 과학자

어린 시절에 찰스 다윈에게 가장 중요했던 관계 중 하나는 그의 형인 에라스무스와의 관계였다. 자매들의 수가 상대적으로 더 많았기 때문에 두 형제는 뭉칠 수밖에 없었다. 다윈은 사람을 즐겁게 해주고 사교적인 그의 형을 우상으로 여겼다. 에라스무스가 슈루스버리를 떠나 캠브리지 대학으로 가기 전까지 그들은 정원의 창고에서 과학실험을 하며 놀았다.

다윈은 "내 마음을 수련하기에 버틀러 박사의 학교보다 나쁜 것은 없을 것이다. 그 학교는 지나치게 고리타분하고 엄격했으며 고대의 지리학과 역사 외에는 배운 것이 거의 없다."라는 기록을 남겼다.

그 학교는 외우는 것만을 중시하는 학교였다. 다윈은 48시간을 들여서 겨우 무언가를 외우고서는 무엇을 배웠는지 곧장 잊어버리곤 했다.

다윈은 자신이 언어나 라틴어로 된 시의 구성을 바꾸는 것 등에는 전혀 재능이 없다고 공공연히 말하곤 했다.

## 도요새 사냥

다윈은 10대에 사격과 사냥에 흥미를 가졌다. 그는 다음과 같이 열정적인 순간을 기록했다. "나는 내가 첫 번째로 도요새 사냥에 성공했던 것을 생생하게 기억한다. 그 순간은 너무 짜릿했고 나는 손이 떨려서 총을 다시 장전할 수가 없었다."

## 다윈의 실험실

다윈과 그의 형인 에라스무스는 학교가 아니라 집에 있는 작업실에서 화학실험을 하곤 했다. 화학실험 장비를 갖추기 위해 많은 비용이 들었다. 그들은 화합물들을 가열하기도 하고, 광물로 결정체를 만들기도 하고 무기물들을 측정하기도 했다. 그들의 화학실험 세트들은 꽤 값진 것들도 있었는데 그들은 우스갯소리로 "소를 짜기만 하면 우유가 나오듯이" 그들의 아버지가 그들에게 돈을 대준다는 농담을 하기도 했다. 다윈은 이런 실험들을 기숙학교에서도 계속되었다. 그는 기숙사의 가스 불에 한 웅

> "나는 도요새 사냥에 매우 열정적이었다. 그 누구도 도요새 사냥에 대한 내 열정을 뛰어넘을 수는 없었을 것이다."

일반적인 도요새 혹은 꺅도요새
(*Gallinago gallinago*)

“내가 런던에서 사고 싶어 했던 것은 주로 마개와
마개가 달린 병들이었다.”

큼의 화합물을 던져 넣는 실험을 하곤 했는데 학교 친구들은 이런 그에게
“가스”라는 별명을 붙여주기도 했다.

　　다윈은 그 시절에 대해서 “나는 교장선생님께 쓸데없는 것에 시간을
낭비한다고 공개적으로 혼나곤 했다. 그리고 교장선생님은 나를 푸코쿠렌
테(이탈리아어로 보살핌 받지 못한 사람)라고 부르기도 했는데 그것은 정
말 부당한 일이었다.”고 설명했다.

## 혼자서 과학을 하다

　　다윈의 형인 에라스무스가 캠브리지 대학으로 떠나고 난 후에도 다윈
은 형이 했던 과학 연구들을 쫓으며 실험을 계속했다. 그러는 동안 에라스
무스는 편지로 다윈을 격려해주기도 하고 새롭게 시도해볼 실험을 제시해
주기도 하고 자신이 대학에서 했던 과학적 장난들을 얘기해주기도 했다.
과학적 장난에는 웃음 가스라고 불리는 아산화질소의 효과에 대한 것도
있었는데 에라스무스는 다윈에게 웃음 가스 실험을 한번 시도해보라고 추
천하기도 했다. 다윈은 매우 진지하게 화학을 공부했다. 에라스무스가 쓴
어떤 편지에는 다윈이 특정 크기의 시험관을 만들기 위해 유리를 만드는
직공을 고용하기도 했다고 쓰여 있다(결국에 그 직공은 쓸모없는 편평한
바닥의 시험관을 만들었을 뿐이지만 말이다).

　　에라스무스는 “내가 런던에서 사고 싶어 했던 것은 마개와 마개가
달린 병들이었다. 우리는 항상 그것들이 부족했다.”라고 기록하고 있다.

　　다윈은 그의 실험들이 그의 공부에 있어서 가장 중요한 것이라고 생
각했다. 그러나 그의 아버지 로버트는 버틀러 박사의 교육과정이 자신의
고집 센 아들과 잘 맞지 않다고 생각하긴 했지만, 그렇다고 해서 다윈의 과
학실험들에 큰 감명을 받지는 않았다.

　　다윈은 “나는 어린 시절 학교에서 뛰어난 아이는 아니었다. 우리 아버
지는 현명하게도 평범한 사람들보다 조금 일찍 나를 떨어뜨려 놓았다.”라
고 기록하고 있다. 다윈의 아버지는 그의 아들인 다윈이 무역과 의술을 배
워야 한다고 생각했다. 그러나 로버트 다윈이 자수성가한 사람이었던 것
과 달리 그의 아들인 다윈은 이미 부자의 후계자였기 때문에 이때부터 찰
스 다윈은 이미 자신이 꼭 돈을 벌 필요는 없다고 생각했다.

**선택**

다윈 자신은 깨닫지 못했지만, 그의 진
로는 어렸을 적에 이미 결정되었다. 그
는 라틴어와 그리스어를 잘하지 못했기
때문에 일찌감치 법학공부를 포기했고,
또 계산에 미숙했기 때문에 자연철학(지
금의 물리학)을 공부하는 것도 불가능했
다. 다윈은 사냥과 화학을 좋아했다. 그
러나 그의 아버지는 의학을 공부시키는
것이 다윈을 성공으로 이끌 수 있는 유일
한 길이라고 생각했다.

# 불명예

다윈은 학교에서는 성취도가 매우 떨어지는 학생이었다. 그는 과학에만 관심이 있었다. 결국 다윈의 아버지는 다윈에게 의학을 공부하도록 하였다. 그러나 다윈은 대학에서 공부를 소홀히 하였고, 나중엔 이 결정을 후회하게 되었다.

다원의 아버지는 사람의 성격을 감정하는데 있어 믿기 어려울 정도의 재능이 있었다. 다윈의 아버지는 자신이 성공한 이유를 자신이 사람의 머리 모양과 관상을 통해 사람의 성격을 파악하는 능력을 가지고 있었기 때문이라고 설명하기도 하였다. 다윈은 아버지의 능력에 대한 몇 가지 증거를 제시하였다. 그 증거들은 대부분 다윈의 아버지가 현상을 다른 측면으로 생각하는 능력과 세심하게 관찰하는 능력을 가지고 있다는 것을 보여주는 것들이었다. 로버트 다윈은 그의 환자들을 돌볼 때 전통적인 방법으로 설명될 수 없는 문제에 대한 실마리를 얻기 위해서 환자들의 병만을 살피는 것이 아니라 환자의 삶, 환자가 가지고 있는 물건, 환자의 취미 등을 모두 관찰하였다.

다윈의 아버지는 또한 당대에 유행했던 골상학에 능통했다. 골상학이란 사람들의 성격에 대한 실마리를 얻기 위해 두개골의 크기나 모양, 혹은 두개골의 융기를 관찰하는 것을 의미한다.

불행히도, 다윈의 아버지는 다윈의 얼굴이 게으르고 방탕하게 살아갈 소년의 형태를 띤다고 생각하였다. 다윈의 가족들이 다윈의 아버지가 훗날 다윈을 굉장히 자랑스러워했다고 전하고 있음에도 불구하고 다윈은 자신의 아버지가 자신에게 "너는 사격, 개, 쥐잡기에만 관심이 있어! 너는 너 자신과 우리 가족의 불명예야!!"라고 말하는 모습 밖에 기억하지 못했다.

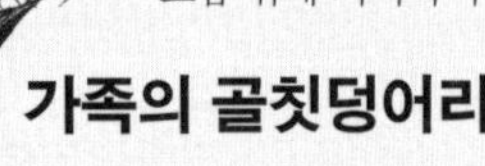


## 가족의 골칫덩어리

다윈의 아버지는 가족의 저주에 대해서 어느 정도 믿었다. 가족의 저주란 다윈 가족들이 위업 달성을 열망하는기질을 가지고 있거나 완전히 패망하는 기질

---

### 심리 과학

골상학자들은 두개골의 모양이 뇌에 대한 정보를 줄 것이라고 믿었다. 그들은 두개골의 모양이 사람이 태어날 때부터 가지고 있는 성품에 대한 정보를 함축하고 있다고 생각했다. 즉, 그들은 왕은 통치자의 뇌를 가지고 태어나고, 천재의 지능도 미리 결정되며, 범죄자는 범죄를 저지르도록 미리 정해진다고 생각했다.

을 가지고 있다는 것이다. 다윈 삼촌들 중, 에딘버러 의대를 다니던 삼촌은 해부하던 오염된 뇌에 의해 병에 걸려 19살에 죽었고, 또 다른 삼촌은 정원 아래쪽에 있던 강에 몸을 던져 자살하였다. 또 다른 삼촌 한 명과 고모는 아주 어릴 때 죽었으며, 다윈의 외삼촌인 토마스 웨지우드는 1805년에 아편중독으로 죽었다. 당시에 특이한 일은 아니었지만 웨지우드 쪽 가계에는 소화계의 문제를 가지고 있었다. 다윈 역시 그의 약한 어머니 수잔나에게서 소화 계통의 문제를 물려받았다.

다윈의 형인 에라스무스가 대학을 그만두었기 때문에 다윈의 아버지는 그의 어린 아들(다윈)의 행동을 관대하게 보지 못하고 다윈 또한 가족의 골칫덩어리들 중에 한 명이 될 것이라고 생각했다.

농업 공동체에서는 쥐가 매우 큰 문제였기 때문에 죽은 쥐의 시체는 2펜스에 팔렸다. 이러한 쥐잡이는 농부들에게는 "정직한 직업"이었다. 그러나 중산층의 사람들은 쥐를 잡는 것으로 돈을 벌지는 않았다.

## 견습 의사

다윈은 1825년 6월까지 학교를 다니고, 그곳에 배울 것이 하나도 없다는 것을 이해한 아버지로부터 버틀러 박사의 학교를 그만두어도 좋다는 허락을 받았다. 대신에 16살의 다윈은 그 해 여름을 의술을 하는 아버지와 함께 보냈다. 다윈은 환자들의 푸념을 듣고 그것을 아버지께 보고하는 것을 굉장히 즐거워했다. 그것은 비교적 위험하지 않은 일이었기 때문에 다윈은 그 일을 하면서 사색을 할 수도 있었고, 다윈을 고맙게 생각하는 환자들과 함께 있을 수 있었으며, 게다가 그가 정말 좋아했던 일인 필기하기와 분류하기를 할 수 있었던 것이다. 그는 에라스무스가 이야기 해주는 초보 의사가 하는 일(고름짜기, 질병 때문에 나는 악취 맡기, 시체 해부하기)에 대해 듣는 것은 별로 좋아하지 않았다.

로버트는 다윈을 에딘버러 대학교로 보내기로 결심했다. 그렇게 되면 다윈의 3대가 모두 에딘버러에서 공부를 하게 되는 것이었다. 꼭 가족의 전통 때문에 에딘버러에 보내기로 했다기보다는 당시에 논란이 있었지만 현대 의학을 배우기에는 에딘버러가 캠브리지보다 더 낫다고 판단했기 때문이다. 사실 가장 중요한 이유는 에라스무스가 에딘버러로 가기로 되어 있었기 때문이다. 에라스무스가 그의 고집 센 동생을 돌봐줄 것으로 생각했던 것이다.

"나는 환자들의 증상을 최대한 자세하게 기록하여 그것을 아버지에게 읽어주었다. 아버지는 추가로 질문을 더 하시고는, 내가 내린 처방에 대해서 조언해 주시곤 하셨다."

# CHAPTER TWO

# 에딘버러와 캠브리지

# 영국 국교에 반대하는 사람들의 은신처

다윈이 에딘버러 대학에 도착했을 때, 에딘버러는 종교와 교육에 대한 논쟁에 휩싸여 있었다. 에딘버러 대학은 의학을 공부하기에 매우 훌륭한 장소임은 분명했으나 학교 내부의 갈등을 겪고 있었던 것이다. 몇몇 수업은 매우 좋았지만 몇몇 수업은 매우 이상했던 탓에 다윈은 교육의 질에 대해 복잡한 심정을 가지고 있었다. 그는 처음엔 열정적이었으나 얼마 되지 않아 다시 나태해졌다.

스코틀랜드 국경 근처에 있는 에딘버러 대학교는 학생들에게 성교회 39개 신앙신조에 선서하는 것을 강요하지 않았다. 그러나 캠브리지 대학교는 성 삼위일체와, 예수의 부활과 구약성경과 신약성경에 모순이 없다는 것과 그 외에 다른 믿음의 조항을 믿는다고 맹세하지 않은 학생들의 입학을 허락하지 않았다. 다윈과 같은 유니테어리언 교도에게 39개 신앙신조에 선서하는 것은 가족 구성원의 믿음에 반하는 일이었다. 더욱 중요한 것은 19세기 초의 젊은 과학자들에게 신앙신조는 학문하는 데에 있어 방해가 된다는 사실이다. 화학이 생명의 구성요소들을 쪼갤 때, 의학이 이전 에는 기적으로 여겼을 치료를 할 때, 지리학이 지구의 나이에 대해 의문을 갖기 시작할 때에도, 국경의 남쪽에 있는 몇몇 대학에는 신앙신조가 남아있었고 그러한 대학들은 에딘버러의 학문적 발전에 비해 훨씬 뒤쳐져 있었다. 그러는 동안에 에딘버러의 학생들은 유럽대륙과의 접촉을 즐기며 대륙의 현대적인 생각들을 받아들였다.

## 교사들과 교육

에딘버러의 진보적인 평판에도 불구하고 교육의 질은 천차만별이었다. 많은 교수들이 실력에 의해 교수로 지명되는 것이 아니라 정치적인 이유로 인해 교수로 지명되었다. 교수들에게는 따르는 학생들의 수에 따라서 재정적인 지원이 이루어졌기 때문에 좋은 교수일수록 더 학생 수가 많은 반을 맡았다. 다윈은 그 해에 의대에 진학한 900명의 신입생 중에 한 명이었고 더 좋은 수업을 듣기 위해 찾아온 200여명의 영국인들 중 한 명이었다. 다윈은 대부분의 강사들에게 감명을 받지 못했다. 다윈은 앤드류 던컨에게 한 강사에 대해 "그는 공부를 너무 열심히 해서 그런지 분별력이 없어." 라는 편지를 보내기도 했다.

## 스트론튬 박사님

다윈은 토마스 찰스 홉의 "화학 드라마"를 굉장히 좋아했다. 토마스 찰스 홉은 스코틀랜드의 스트론티안 마을에서 스트론튬 (스트론튬이라는 이름은 마을 이름을 기리기 위해서 붙인 이름이다.)이라는 새로운 원소를 찾아낸

**에딘버러 대학의 주요 건물 중 하나**
에딘버러 대학은 1827년도에 이미 영국식 교육 체계를 굳건히 갖추고 있었다.

## 삶의 기술

다윈이 에딘버러 대학에서 배운 것 중 가장 유용한 것은 아마도 박제술이었을 것이다. 그는 박제술을 흑인 해방노예인 존 에드먼스턴에게서 배웠다. 에드먼스턴은 또한 다윈에게 남아프리카의 동물들의 삶에 대한 재미있는 이야기들을 들려주었고, 다윈은 그곳에 가보고 싶다는 생각을 하게 되었다.

> "나는 흑인으로부터 새를 박제하는 법을 배울 것이다…. 그는 2달 동안 날마다 한 시간씩 새 박제를 가르쳐 주면서도 1기니아 밖에 요구하지 않았다."

과학자이다. 홉의 화학 강의는 항상 열성적인 과학자들, 그를 숭배하는 여학생들, 그저 멍하니 바라보는 사람들로 가득찼다. 구경꾼들의 대부분은 그저 홉의 특이한 시도 속에서 극적이고 재미있는 실수가 생기기를 기다렸다.

홉은 훌륭한 쇼맨이었고 교육자였다. 그는 오직 강의만으로 먹고 살았다. 다윈은 그도, 그의 수업도 굉장히 좋아했다.

## 피를 보는 것

불행히도, 다윈은 해부를 할 때 혐오감을 느꼈고 수술(당시에는 마취가 발명되기 전이었다.)하는 것을 볼 때마다 구역질을 했다. 그는 끔찍한 수술을 두 번 목격하였는데, 첫 번째는 그가 매우 어릴 때 보았던 수술이었기 때문에 수술이 끝나기도 전에 도망쳐 나왔다.

그러나 다윈은 좀 더 크고 나서 자신이 참을성이 없는 것에 대해서 스스로를 채찍질했다. 나이가 들고, 더 현명해진 다윈은 다른 모든 의사들이 그래야 하듯이 자신의 약점인 메스꺼움을 극복했다.

대신 그의 의학 성적은 나빠지기 시작했다. 사실 다윈과 그의 형인 에라스무스는 여전히 그들이 시골 대지주의 아들이기 때문에 진짜로 일을 할 필요는 없다는 생각을 가지고 있었다.

다윈은 다음과 같이 고백하였다. "당시 나는 이런저런 상황을 고려하여 우리 아버지가 내가 편안히 살아가기에 충분한 재산을 남겨주실 것이라는 확신을 가지고 있었다. 그렇기 때문에 나는 내가 꼭 이렇게 고생을 하며 의학을 배워야하는지에 대해 의문을 가지기도 했다."

국경의 북쪽에 있는 에딘버러 대학은 영국 교회의 39개 신앙신조에 대한 엄격한 제한이 없었다. 그리고 영국의 다른 대학들보다 더욱 현대적인 기관이었다.

# 북쪽의 아테네 [4]

다윈은 역겹고 잔인한 해부학 수업이 싫었다. 게다가 어두운 세계와의 공공연한 접촉은 다윈이 더욱 해부학 수업을 싫어하게 만들었다. 에딘버러 대학에서의 두 번째 해에, 그는 과학 동아리에 들어가게 된다. 그리고 그는 과학 동아리에서 수업에서 얻은 것과는 비교도 할 수 없는 커다란 영감을 얻게 된다.

외과의사가 되고자 한다면 사람을 해부하는 실습수업을 반드시 수강해야 한다. 그러나 다윈은 알렉산더 몬로 교수의 강의가 마음에 들지 않았다. 알렉산더 몬로는 시연자가 시체를 해부하는 동안 연단에서 빈둥대기만 했다. 게다가 시체가 해부되는 동안 사람들은 여러 겹으로 줄을 서서 지켜보았는데 그러다 보면 종종 너무 멀리서 지켜봐야 했기 때문에 해부하는 광경을 제대로 볼 수 없었다.

다윈은 "몬로 박사가 해부학을 마치 자기 자신처럼 따분하게 만들어. 게다가 저 시체는 너무 역겨워"라고 불평했다.

## 시체 도굴자

에딘버러의 의대는 해부하기에 좋은 조건을 제공할 수가 없었다. 왜냐하면 실습을 할 시체가 절대적으로 부족했기 때문이다. 외과의사들만이 범죄자나 사형수의 시체를 해부하도록 허락되었다. 그런데 일 년에 사형수가 되는 사람들은 겨우 수십 명에 불과했고, 시체를 냉장 보관할 방법도 없어서 시체는 금방 썩어버리곤 했다.

무덤을 파헤쳐 관 안에 있는 보석이나 개인물품을 훔쳐가는 것은 심각한 범죄였다. 그러나 이상하게도 시체 자체를 훔쳐가는 것은 상대적으로 처벌이 약한 범죄였기 때문에 많은 도굴꾼들이 묻힌 지 얼마 안 된 시체를 파내어 대학에 해부실습용으로 팔곤 했다. 에딘버러에서는 점점 더 많은 해부용 시체를 필요로 했고 따라서 시체를 파내는 범죄가 워낙 널리 퍼지게 되어서 친척들이 시체를 묻은 지 얼마 안 된 무덤 옆을 지키거나, 돈을 주고 무덤을 지켜줄 사람을 고용했으며 철로 된 울타리를 세우기도 했다. 에딘버러에서 죽은 다윈과 이름이 같았던 삼촌도 이러한 습격을 방어하기 위해 특별히 강화된 무덤에 안치됐다.

4) 에딘버러의 거리는 고대와 중세의 전통적 건축물로 가득 차 있어서 북쪽의 아테네라고 불린다.

5) "Burke and Hare(2009)"영화가 직접 만들어짐

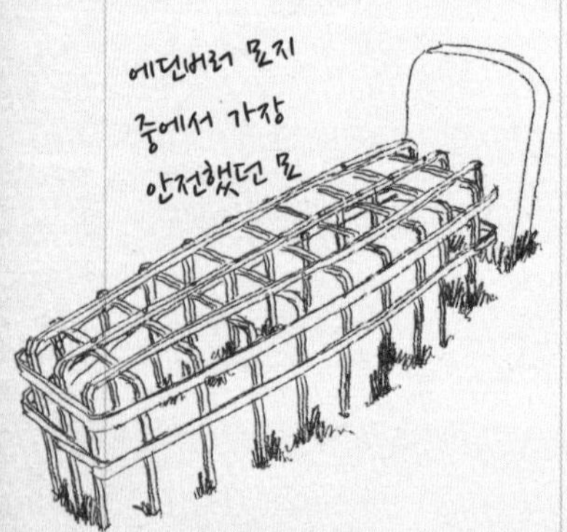


## 버크와 헤어 [5]

다윈이 에딘버러 대학을 떠나는 해인 1827년, 시체 훔치기 열풍은 절정에 달았다. 아일랜드에서 벌크와 헤일이 끔찍한 범죄를 저질렀다. 그들은 멀쩡한 사람을 살인하여 대학에 시체를 팔았던 것이다. 그들이 체포된 후, 영국 정부는 1832 해부법을 제정했다. 이 법률은 합법적인 시체의 공급을 가능하게 했다.

## 플리니우스 공동체 [6]

다윈은 스노든산의 봉우리 중에서 가장 높은 봉우리인 노쓰웨일스를 등반하며 보냈다. 또 그는 그의 누나인 캐롤라인과 승마를 하기도 했으며 가을에는 다시 슈루즈버리로 돌아왔다. 그는 외가 쪽 친척인 웨지우드들과 사냥을 하며 즐거운 시간을 보냈고 '조지아 웨지우드 2세' 혹은 '조 삼촌' 또는 '말없고 내성적인 남자'라고 불리는 외삼촌과 친해지게 되었다. 다윈은 외삼촌의 정직한 성품을 존경하였다.

형인 에라스무스 없이 에딘버러로 혼자 돌아온 다윈은 플리니우스 공동체로부터 의학을 멀리하라는 권유를 받았다. 플리니우스 공동체란 학생들이 대학의 지하실에서 자연과학에 대한 논문을 읽고 그것에 토론하는 단체였다.

## 로버트 에드몬드 그랜트

다윈은 생물학자인 로버트 그랜트(1793~1874)를 만났다. 다윈이 해양생물학 분야에서 두 가지 작은 발견을 했을 때, 처음으로 다윈의 이름이 인쇄물에 남도록 해준 사람이 바로 그랜트였다. 다윈은 산호처럼 생긴 이끼벌레의 한 종류인 플러스트라(Flustra)의 유충이 섬모를 이용하여 자유롭게 움직인다는 사실과 굴 껍질에서 종종 발견되곤 하는 검은색 점이 기생충의 알이라는 사실을 발견했다. 다윈은 이러한 사실들을 그랜트에게 보고했다. 그러나 그랜트는 이 발견들을 다윈의 이름이 아닌 자신의 이름으로 학계에 보고하여 다윈을 깜짝 놀라게 했다. 다윈은 며칠 뒤에 있었던 모임에서 그랜트에게 개인적으로 항의했고, 그랜트는 그의 이름을 각주에 넣어주었다. 이러한 경험 때문에 다윈은 자신의 과학적 발견이 먼저 발표되는 것을 평생 경계하게 되었다.

## 라마르크의 사론

그랜트는 다윈과 산책을 하며 대화를 나누다가 다윈이 프랑스의 과학자인 라마르크(1744~1829)의 이론을 믿고 있는 것을 알았다. 라마르크는 고등생물은 하등생물이 수 세대를 지나며 형태를 바꾸어 창조된 것이라고 주장한 과학자이다. 생명이 "진화된다"는 그의 아이디어는 다윈에게 큰 충격을 주었다. "진화된다"는 용어는 그랜트의 친구인 로버트 제임슨이 1826년에 이름이 알려지지 않은 논문에서 사용하였다). 이러한 라마르크의 생각은 다윈의 할아버지의 이론과 비슷하긴 했지만 라마르크는 지구상의 생명은 신에 의해 만들어진 것이 아니라고 주장했다.



6) 플리니우스는 고대 로마의 문인이자 정치가이다.

이끼벌레는 독일의 생물학자인 에른스트 헤켈에 의해 분류되었다.(146쪽 참조)

# 수성론과 심성론

에딘버러 대학의 뜨거운 논쟁은 규율과 관련된 것뿐만이 아니었다. 교수들 중 두 사람은 지리학적 견해 차이로 대립했다. 비록 다윈은 그 논쟁의 주제인 지층과 암석에 크게 관심이 있었던 것은 아니지만 이 논쟁은 후에 다윈이 자신의 이론을 가다듬어 정리하는데 큰 도움을 주었다.

**아브라함 베르너**
라이프치히 대학에서 채광하는 법과 광물학을 가르치는 교수였다. 그는 스웨덴 과학아카데미에서 연구를 했고, 유럽 전역의 학생들이 그에게 강의을 듣기를 바랐다.

7) 수성론은 영어로 Neptunism이라고 하는데 이것은 로마 신화에 나오는 바다신의 이름을 따서 붙여진 이름이다.

8) 심성론은 영어로 Plutonist라고 하는데 이것은 로마 신화에 나오는 지하 세계의 신의 이름을 따서 붙여진 이름이다.

19세기 초반에 윌리암 스미스(1769)는 영국의 지질학적 지도를 제작하였다(지질학적 지도는 다양한 암석의 나이와 유형을 나타내는 지도이다). 그는 단층에 대한 과학(지층의 기원, 구성, 분포에 대해 연구하는 과학)을 창시하는 것을 도왔으며 암석들의 상대적인 위치가 이전 세대의 지질학적 기록을 남긴다고 주장하였다.

## 수성론과 심성론

독일의 지질학자인 아브라함 베르너(1749~1817)는 암석들이 서로 다른 지층들이 전 지구를 덮고 있었던 대양에 대한 증거라고 주장하였다. 이 대양으로부터 나온 퇴적물과 침전물들이 바다의 바닥에 서로 다른 층을 형성하였다. 그리고 수십억 년이 지나 이 퇴적물들은 서로 다른 암석을 형성하였다. 그가 암석이 바다에서 생성된다고 주장했기 때문에 베르너의 이론은 수성론[7]이라고 이름 붙여졌다.

그러나 베르너의 이론은 왜 이 세계의 바다들이 멀어졌었는지를 설명하지 못했기 때문에 비판을 받았다. 게다가 그의 이론에 따르면 암석이 생성되기까지는 굉장히 긴 시간을 필요로 하는데, 이 세상을 창조하는 데 걸린 시간이 비교적 짧았다고 한 성경의 설명과도 맞지 않았다. 베르너 이론의 또 다른 문제점은 현무암의 존재였다. 베르너의 이론에 따르면 암석은 편평한 판의 모양을 띠고 있어야 하는데 현무암은 편평한 판 모양인 것도 있었지만 다른 지층들을 뚫고 지나가는 수직한 판 모양이기도 했고 심지어는 다른 지층들을 뚫고 지나가는 기둥 모양도 있었던 것이다. 이러한 문제점은 심성론[8]을 이용하면 설명할 수 있었다. 현대 지질학의 창시자로 추앙받고 있으며 당시 심성론자들의 리더였던 제임스 휴튼(1726~97)은 지구가 과거에 매우 뜨거워 녹아있는 상태의 암석 덩어리로 되어 있었으며 이들이 천천히 식어서 서로 다른 지층들을 만들어 갔다고 설명했다. 화산이 용암을 만들고 용암이 식으면 암석을 만드는 것은 당시에도 잘 알려져 있었던 사실이고 지구 하층에서 상층부로 뜨거운 상태의 용암이 분출된다면, 다른 지층들을 뚫고 지나가는 판 모양이나 기둥 모양의 암석도 설명할 수 있었기 때문에 휴튼의 이론은 좀 더 합당해 보였다.

## 무서운 도마뱀들

과학자들이 화석이 암석의 나이를 식별하는데 중요한 역할을 한다는 것을 알아차릴 때쯤 다윈은 우연한 기회에 지질학을 접하게 되었다. 파리의 박물학자인 조지 쿠비에(1969~1832)는 파리 근처의 단층 조사를 하다가 암석이 어느 지역에 존재하는 지와는 상관없이 특정 종류의 암석에 특정 종류의 화석이 발견된다는 사실을 알게 되었다. 쿠비에의 발견 이후 다른 지질학자들도 암석의 나이를 결정하기 위해서 비슷한 전략을 사용하기 시작했다. 또 쿠비에의 발견은 시대에 따라 지배적인 생물이 있을 것이라는 논란을 일으켰다. 쿠비에는 화석 기록에 따르면 포유류가 아닌 파충류가 지구를 지배했던 시기가 있을 것이라고 설명하고, 화석으로 발견된 커다란 파충류들을 목록화하였다(쿠비에가 목록화한 커다란 파충류들은 1842년에 영국의 과학자인 리차드 오웬에 의해서 '공룡'으로 명명되었다).

이 작은 암모나이트 화석 각각은 지름이 약 1.5cm 정도이다.

*"내가 살아 지질학에 대한 책을 읽을 동안에는, 혹은 이 과학을 공부하는 동안에는 절대 심성론과 수성론에 대한 결론이 날 수 없었다."*

## 제임슨 vs 홉

다윈이 가장 좋아하는 강사인 토마스 홉은 휴튼의 친구였다. 홉도 휴튼과 마찬가지로 심성론자였으며, 따라서 다윈도 심성론을 더 선호하였다. 그러나 모든 사람들이 심성론에 동의하는 것은 아니었다. 다윈을 가르친 또 다른 강사인 로버트 제임슨(1774~1854)과 홉은 지속적으로 의견 충돌을 하였고 이것은 학생들에게 재미있는 구경거리였다.

로버트 제임슨은 "홉 박사는 확실히 나랑은 생각이 안 맞아. 나는 홉 박사의 의견을 반대하지, 나와 홉 박사의 의견이 다르기 때문에 이 주제가 재미있어지는 거야."라고 말하곤 했다. 그러나 다윈은 이런 제임슨의 말에 동의하지 않았다. 다윈의 기록에 따르면 다윈은 에딘버러에서 2학년일 때 제임슨 박사의 지질학과 동물학을 들었고, 다윈은 그 수업을 굉장히 따분해 했다. 다윈이 대학교 때 사용했던 일부 교과서들은 지금도 남아있는데 그 교과서를 살펴보면 다윈이 정말로 제임슨 박사의 수업을 지루해했음을 알 수 있다. 제임슨 교수의 광물학의 입문서 책을 보면 다윈과 그의 친구가 한 낙서를 잔뜩 볼 수 있다. 홉과 다르게 제임슨은 수성론자였다. 제임슨은 말도 안 되는 경쟁 이론을 만드는 취미가 있었다. 몇몇 학생들은 제임슨의 이론을 좋아하기도 했지만 다윈은 그의 이론에 찬성하지 않았다. 다윈은 당시를 다음과 같이 회상한다. "솔즈베리 크래그에서 했던 제임슨 교수의 암맥 수업에서, 그는 주변에 널리 퍼져 있는 화산암들을 보고 그것이 퇴적물이 균열이 생겨서 생성된 것이라고 설명해주고는 이게 녹아있는 상태로 밑에서 위로 솟아오른 것이라고 설명하는 사람도 있다면서 비웃으면서 말했었지." 다윈에게 그때의 일은 정말로 충격적이었는데, 제임슨이 천박하게 홉 교수를 비난해서가 아니라 그가 화산암은 화산으로부터 만들어진 것이 아니라는 생각에 사로 잡혀 있었기 때문이었다.

### 뱀이 굳은 돌

암모나이트는 지금은 멸종한 바다생물인데, 오징어를 닮았을 것으로 추정된다. 발견되는 화석으로 보아 약 4000만 년 전에서 6500만 년 전에 굉장히 번성했다. 그래서 화석기록이 많이 발견된다.

암모나이트들은 살아서는 바다를 떠다니며 지내다가 죽고 나서 심해 밑바닥으로 껍질이 떨어지기 때문에 암모나이트 껍질은 어떤 생물체도 발견되지 않는 심해 밑바닥에서 종종 발견되는 유일한 화석이다.

중세시대의 사람들은 뱀이 천사에 의해 돌로 굳으면 암모나이트가 된다고 생각했다. 그리고 그보다 더 오래 전에는 제임스 아몬 신의 숫양의 뿔과 닮았다고 하여 "아몬의 뿔"이라는 이름으로 불렸다. 현대의 이름인 암모나이트도 바로 이 "아몬의 뿔"이라는 이름에서 기원한 것이다.

# 교구 목사?

다윈이 의사가 될 마음이 없다는 것이 확실해지자, 다윈의 아버지는 다윈을 에딘버러 대학에서 불러들였다. 로버트 다윈은 그의 고집 센 아들이 신학 학위를 따고 성교회의 목사가 되어 교구목사로 살아가야 한다고 생각했다.

다윈이 지질학을 배운 것도 동물학을 배운 것도 의사로서는 별로 쓸모가 없었다. 그리고 마침내 다윈의 아버지인 로버트 다윈이 그 사실에 관심을 가졌다. "에딘버러에서의 2학기가 지난 후 아버지는 내가 의사가 될 마음이 없다는 것을 알아차렸다. 그래서 내 아버지는 나에게 목사가 되면 어떻겠냐고 제안하셨다."

다윈은 결정을 하기 위해 시간을 가졌다. 다윈은 죠 삼촌과 함께 파리로 짧은 여행을 떠났다. 이때의 파리 여행이 그가 전 생애에서 유럽을 방문한 유일한 기간이다. 죠 삼촌이 스위스에서 공부하고 있었던 삼촌의 딸들을 데리러 간 사이에 다윈은 대학 친구들과 여행지들을 돌아다녔다. 다윈은 죠 삼촌과 사촌들과 함께 영국으로 돌아왔다. 그의 사촌은 21살 페니와 19살의 엠마로 둘 다 여자였다. 당시에는 알지 못했지만 다윈은 10여 년 후에 엠마와 혼인하게 된다.

## 신앙신조

다윈은 성교회의 39개 신앙신조에 선서를 할지 하지 않을지를 결정하기 위해서 성교회의 신앙에 대한 여러 책들을 읽어야만 했다. 선서를 하지 않으면 캠브리지 대학의 입학 허가를 받을 수 없었기 때문에 캠브리지 대학을 가고자 한다면 반드시 선서를 해야 했다. 비록 다윈이 자신이 읽은 성교회에 대한 책 모두를 완벽히 이해하지는 못했지만 그가 읽은 내용 중에 자신이 절대로 받아들이지 못할만한 내용은 없었다. 그는 이미 미래에 자신이 조용한 시골 교회로 가기를 기대하기 시작했다. 시골 교회에서 종교적인 의무를 하면서 사냥이나 낚시를 하며 지낼 수 있다고 생각했기 때문이다. 훗날 다윈은 "나는 그 당시에 내가 이해하지도 못한 것에 대해 믿을 수 있다고 말하는 것이 얼마나 말도 안 되는지에 대해서 몰랐다."고 당시를 회상했다.

"나는 그 당시에 성경에 써 있는 어떤 내용에도 의심을 품지 않았다."

## 신학 대학

다윈은 캠브리지의 신학 대학을 찾아갔으나 부활절 기간에 입학을 하기에는 이미 너무 늦어 있었다. 그는 할 수 없이 가을 학기가 시작될 때까지 기다려야 했다. 그는 담배 가게 위에 숙소를 얻었다. 다윈은 1828년 가을부터 열심히 신앙에 대한 공부를 하기 시작했다. 그러나 그는 기독교에 완전히 몰입해 있지 않았다. 다윈은 강의를 들었고 날마다 강제로 예배당에 갔다. 그러나 아버지와 누나가 부쳐준 용돈은 총을 사는데 몰래 사용했다.

다윈은 신학 대학 내에 수수한 방을 가지고 있었다. 이 방은 원래의 상태로 재건되었으며「종의 기원에 대하여」가 출간된 100주년을 기리기 위해서 대중에게 공개되었다.

다윈은 이미 기초 학문에 대한 학사 학위를 가지고 있었기 때문에 시험을 어렵지 않게 통과했다. 그리고 1831년에 캠브리지에서의 나머지 두 학기를 지냈다. 다윈은 어렵지 않게 석사 학위도 받았고 마침내 사제직을 할 수 있게 되었다. 다윈의 아버지는 드디어 다윈의 직업에 대한 걱정을 놓을 수 있었다.

그러나 다윈이 집으로 보낸 편지들에서는 그가 사제가 되기를 끈기 있게 기다리는 것처럼 보였던 반면에 캠브리지에서의 생활은 그의 옛 취미들을 되살아나도록 했다. 그는 대부분의 수업에 흥미를 못 느꼈고 총을 가지고 노는 것에만 열심이었다. 그는 거울을 보고 한 번에 좋은 각도를 찾아서 총을 쏘기 위한 어깨 자세를 연습했고, 몇 시간 동안 탄약을 가지고 실험을 하기도 했다. 다윈의 가정교사는 다윈이 탄약을 가지고 실험을 할 때 나는 소리를 듣고 다윈이 별 이유 없이 방에서 말 채찍을 빠르게 휘두르고 있다고 생각했다.

그러나 사격이나 사냥은 캠브리지 내에서 공부하기 싫어하는 게으른 사람들이나 하는 일이었다. 그래서 다윈은 다른 취미를 만들고 학기 중이나 휴일에도 그 취미에 매달렸다. 다윈의 먼 친척인 윌리암 다윈 폭스도 다윈과 함께 이 취미를 즐겼다. 다윈이 윌리암 다윈 폭스에게 방학 때 보낸 편지를 보면 그 둘이 얼마나 취미에 열정을 쏟아 부었는지를 알 수 있다.

"여기는 곤충에 대해 대화를 나눌 사람이 아무도 없어. 날마다 답답해서 죽어가는 것 같아." 다윈의 취미는 곤충을 연구하는 것이었고 다윈은 점점 더 이 취미에 빠져들어 갔다.

"내가 정통 종교를 믿는 사람들에게 그 동안 맹렬히 공격받아온 것을 고려해보면, 내가 한 때 목사가 되려고 마음 먹었던 것이 굉장히 우습게 느껴진다."

# 딱정벌레와 암석들

다윈은 목사가 되기 위한 과정을 배울 때에도 자연과학 연구에서 손을 뗄 수가 없었다. 다윈은 당시에 유행했던 곤충학에 빠져들었고, 광물학과 식물학에 흥미를 가지고 있었던 학자인 헨스로우와 친구가 되었다. 헨스로우는 다윈의 삶을 완전히 바꾸어 놓았다.

다윈은 "캠브리지에서 배웠던 어떤 내용들보다도 딱정벌레를 수집하는 일이 즐거웠고, 또 내가 가장 열심히 한 일이었다. 스티븐의 「영국 곤충의 삽화」에서 '다윈이 포획한'이라는 문구를 처음 봤을 때 나는 정말 하늘을 날아갈 듯이 기뻤다."는 기록을 남겼다.

다윈과 폭스는 희귀한 곤충들을 찾기 위해 개들을 데리고 시골을 돌아다니곤 했다. 대개는 곤충들을 잡은 후에 판지에 가두고는 그들을 도감과 비교해보곤 했다. 그들은 가끔 매우 희귀한 곤충을 발견하거나, 지금까지 발견되지 않았던 곤충을 찾아내기도 했다. 다윈과 폭스는 그 곤충들을 발표함으로써 곤충학계에 이름을 알리곤 했다.

다윈은 회고록에 "나는 당시의 내 열정을 증명할 수 있다. 어느 날 나는 정말로 희귀한 두 곤충을 발견하고는 그들을 양 손에 하나씩 잡았다. 그때 나는 또 다른 새로운 곤충을 보았다. 나는 그것도 놓치고 싶지 않아서 오른손에 잡고 있던 곤충을 입 속에 털어 넣었다. 으…그 곤충은 입에 매우 쓴 액체를 쏘았다. 나는 그것을 뱉을 수밖에 없었고 새로 발견했던 곤충도 놓칠 수밖에 없었다."라는 글을 남기기도 했다.

다윈은 곤충을 잡는데 매우 열정적이어서 심지어 돈을 주고 조수를 고용하기도 했다. 조수는 갈대밭의 나룻배 바닥에 붙어있던 부스러기들은 긁어 왔으며 그 덕분에 다윈은 다른 경쟁자들보다 앞서갈 수 있었다. 경쟁자들은 새로운 발견을 하기 위해 습지를 찾아가야 했지만 다윈은 습지에 있던 것들을 자신에게로 가져오도록 시켰기 때문이다.

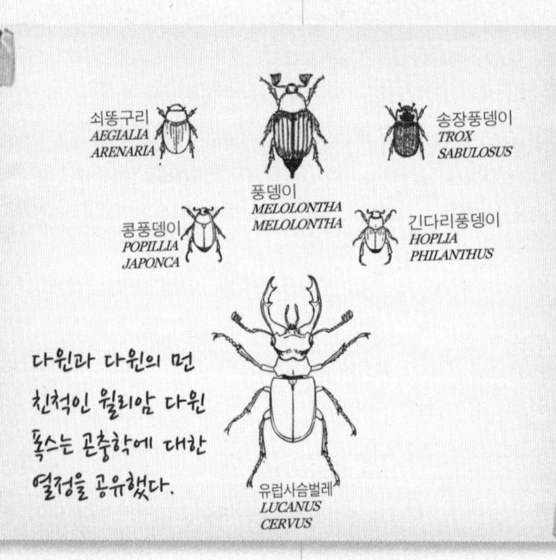


다윈과 다윈의 먼 친척인 윌리암 다윈 폭스는 곤충학에 대한 열정을 공유했다.

"캠브리지 대학에서 보냈던 3년은 내 삶에서 가장 행복했던 나날들 이었다."

## 헨스로우와의 동행

그렇다고 해서 다윈이 딱정벌레에만 관심이 있었던 것은 아니다. 다윈은 마침내 그를 움직일만한 스승을 만났다. 존 스티븐 헨스로우(1796~1861)는 다윈보다 조금 나이가 많았다. 그리고 그는 다윈과 경력이 비슷했다. 그는 이미 광물학과 식물학의 교수였지만 교구 목사가 되기 위한 훈육을 받고 있었다.

다윈은 새로운 멘토와 많은 시간을 함께 했다. 캠브리지 대학의 다른 교수들은 다윈을 "헨스로우와 같이 다니는 청년"으로 부르기 시작했다. 다윈만이 헨스로우를 존경한 것은 아니다. 헨스로우도 다윈을 아꼈다. 헨스로우는 다윈이 열정적이고 탐구적인 학생이어서 적절한 질문으로 강의를 활기차게 한다고 생각했다. 다윈은 헨스로우의 실험 조교에게 많은 질문을 했다. 또 다윈은 헨스로우가 캠브리지 근처로 야외조사를 갈 때 따라다녔다. 헨스로우를 통해서 다윈은 캠브리지의 저명한 지질학자인 아담 세드윅(1785~1873)을 만났다. 세드윅은 다윈을 웨일스의 야외조사에 데리고 갔다. 그들은 슈르즈버리의 '마운트'에서 머물렀다. 세드윅은 다윈의 여자형제들과 그녀들의 학식에 놀랐다(반드시 짚고 넘어가야 할 점이 있다면 로버트 다윈에게 세드윅은 별로 인상 깊지 않았다는 점이다).

여행 도중에 다윈과 세드윅은 연구거리를 찾기 위해 클루이드의 계곡을 찾아갔다. 클루이드의 계곡은 석회암과 적색 사암이 함께 있는 곳이었다. 세드윅은 또한 다윈을 코뿔소의 화석이 발견된 동굴에도 데려갔다(코뿔소의 화석은 빅토리아 여왕 시대 초반의 과학자들에게 풀기 힘든 미스터리였다). 집으로 돌아오는 길에 다윈은 자고새 사냥을 간다고 하는 세드윅과 헤어졌다.

## 구인광고

1831년 8월의 조 삼촌과의 사냥 여행에서 되돌아온 직후, 다윈은 헨스로우로부터 편지를 받았다. 헨스로우는 편지를 통해서 다윈에게 해군 선박을 타고 남미의 남쪽 끝의 군도인 티에라 델 푸에고로 갔다가 인도의 동쪽을 거쳐 집으로 돌아오지 않겠느냐는 제안을 했다. 그 배의 선장은 긴 항해를 함께 할 동료를 구하고 있었던 것이다. 항해를 하기 위해서는 현재 소속된 곳이 없으면서 자연과학에 관심이 있는 사람이 적격이었다. 선정된 사람은 그저 새로운 식물들과 동물들을 연구하고 서로 떨어져 있는 곳의 지질학과 식물학을 연구하기만 하면 되었다. 헨스로우는 이 항해가 다윈이 교구목사로 정착하기 전에 그의 연구적 능력을 발휘해 볼 수 있는 이상적인 기회라고 제안했다. 다윈은 서둘러 결정해야만 했다. 그 배가 몇 주 후에 출발할 예정이었기 때문이다. 그 배의 이름은 비글호였다.

## 화석들과 거름

헨스로우는 교구 목사가 되고 난 후에도 최상의 서비스를 받기 위해 아랫사람을 임명했다. 그리고 또한 헨스로우는 캠브리지 대학의 식물학 교수로 남아있었다.

그는 종종 농부들의 일에 참견하곤 했다. 헨스로우는 동물 배설물의 화석이 좋은 비료로 작용한다는 것을 발견했고 이 발견에 의해 최근에 흔히 쓰이고 있는 인산염 비료가 개발되었다.

아담 세드윅은 다윈이 대학 생활 초반에 사귄 동료이다. 그렇지만 그는 훗날 다윈의 자연선택설을 맹렬하게 비판했다. 아담 세드윅은 자연선택설이 "완벽하게 틀렸다."고 주장했다.

# 일생 일대의 기회

남대서양에서 있었던 비극은 다윈에게 특별한 기회를 가져다 주었다(특별한 기회란 박물학자가 되어 HMS[9) 비글호를 타고 2년간 남미를 탐험하는 것을 의미한다). 비글호를 타게 된 사건이 훗날 다윈의 이름을 널리 알리긴 했지만, 다윈은 우선 그의 아버지를 설득해야만 했다.

**로버트 피츠로이**
어두운 가족사를 가지고 있었던 해군. 피츠로이는 다윈의 도움으로 자신의 가족사를 극복하고자 했다.

다원에게 제안된 일은 기괴한 것이었다. HMS 비글호의 선장으로 새롭게 지명된 로버트 피츠로이(1805~63)는 그의 배를 타고 세계 일주를 하며 연구를 할 '신사'를 동료로 맞이하고 싶어 했다. 그 항해는 2년 이상 계속될 예정이었고 이 일에 지원한 사람은 하급 직원들과 함께 비좁은 객실을 함께 써야만 했다. 중요한 것은, 이 일을 지원하는 사람은 선원으로서 배에 승선하는 것은 아니라는 점이었다. 지원자는 자신이 가진 예술적 흥미, 혹은 과학적 흥미를 충족시키는 활동을 하며 임금을 받게 되는 것이었다.

## 자살에 대한 충동

피츠로이가 이러한 모집을 하게 된 것은 몇 년 전에 있었던 안 좋은 일 때문이었다. 3년 전에 비글호의 전 선장인 프링글 스토크는 구질구질한 날씨 속에서 길을 헤매고, 병든 선원들을 관리하다가 미쳐서 티에라 델 푸에고에서 자살을 하고 말았다. 그는 그의 항해일지에 "내 안의 영혼은 죽었다."고 남긴 채 총으로 자살하였다. 그의 후계자인 로버트 피츠로이는 매우 부유한 귀족 집안의 자제였으며, 해군에서도 촉망받는 인재였다. 그러나 그는 자살에 대한 가족력이 있었고, 비글호의 항해 도중에 대화를 나눌 사람이 아무도 없다면 우울증을 겪을까봐 초조해하고 있었던 것이다.

선장이 선원과 격의 없이 지내는 것을 허락되지 않았으므로 피츠로이는 함께 여행을 할 동료가 필요했다. 함께 할 동료는 물론 신사여야 했고, 집안이 좋아야 했으며 과학에 관심이 있어서 배에서의 생활을 감옥처럼 생각하는 것이 아니라 적어도 2년간은 이 배에서 신나게 연구와 모험을 즐길 수 있어야 했다.

## 적임자

피츠로이가 항해 동료를 구한다는 소문이 캠브리지에 널리 퍼졌다. 헨스로우는 그 자신이 이 일을 하고 싶었지만 아내와 어린 자식들, 그리고 직업이 있었기 때문에 이만한 시간을 만들 수가 없었다. 헨스로우는 먼저 이 일을 어린 목사인 레오나르드 제닌에게 제안했지만 제닌은 새로 임명된 자리를 포기할 수 없었다. 제닌이 제안을 거절하자, 헨스로우는 이에 대한 적임자는 다른 일에 대한 기대는 가지고 있지 않고, 어느 정도의 과학적 소양은 갖춘 사람이라고 생각하게 되었다. 또 결혼을 했거나, 신학상의 임무 등의 책임이 있는 사람도 이 일에 적합하지 않다고 생각했다.

헨스로우는 다윈에게 "너무 겸손하여 사양하거나, 자네 자격이 부족

할까 봐 걱정하지 말게나. 나는 자네가 이 일의 적임자라고 확신하
네."라고 말하며 설득했다.

　다윈은 즉시 제안을 받아들였다. 그렇지만 다윈의 아버지
는 이 여행은 위험하고 목적도 없으며 생산적이지도 않다고
생각했다. 다윈의 아버지는 다윈에게 "정상적인 생각을
가진 사람들 중에서 너에게 가라고 조언하는 사람
이 있다면 한번 데려와 보아라. 그러면 나도 동의해
주마."라고 말했다. 다윈은 곧장 집을 나섰다. 표면
적으로는 조 삼촌과 사냥을 하기 위해 떠난 것이었지만 사
실 그가 집을 나선 이유는 조지아 웨지우드 2세야 말로 아
버지를 설득해줄 수 있는 사람이라고 생각했기 때문이다.

스타포드샤이어에 있는 메어홀은 웨지우드 가문의 저택이었다.
그리고 이곳은 다윈이 어린 시절에 자주 드나들던 곳 중 하나이다.

　다윈은 1831년 9월 1일에 아버지께 제발 항해를 허락해 달라고 편지
를 보냈다. 다윈은 그의 편지 속에 조 삼촌의 의견을 함께 동봉했다. 웨지
우드는 자연의 역사를 연구하는 것은 장차 목사가 될 다윈에게 아주 적합
한 일이라고 적었다. 또 웨지우드는 해군이야말로 안전하게 항해를 할 수
있는 기관이며, 다윈이 그 일을 하지 않는다면 그것은 다윈에게 큰 손실이
될 것이라고도 적었다. 웨지우드는 비글호에서의 2년 간 연구하는 것은
최소한 영국에서 2년 간 공부하는 것만큼의 효과가 있을 것이라고 생각했
다. 결국 다윈의 아버지는 다윈의 여행을 승낙했고 다윈은 아버지의 축복
을 받으며 비글호에 승선하기 위한 준비를 서둘렀다.

---

저는 조 삼촌에게 아버지의 반대의견을 아래 목록과 같이 정확하고
충분히 설명했고, 삼촌께서는 친절하게도 의견을 주셨습니다.

- 미래에 목사를 하기에는 평판이 좋지 않은 내 성격
- 무모한 계획
- 그들이 나에게 부탁하기 전에 이미 수많은 박물학자에게 제안을
  했었으리라는 점
- 배를 타는 것이나 여행을 하는 것에 대한 심각한 반대가 있어서
  결국은 받아들여지지 못할 것이라는 점
- 내가 앞으로 절대 정착된 삶을 살지 못할 것이라는 점
- 나의 숙박시설이 틀림없이 불편할 것이라는 점
- 따라서 삼촌이 내 마음을 돌려주는 것이 좋다는 것
- 따라서 이 시도는 소용없는 것이라는 점

― 찰스 다윈이 삼촌에게, 1831

# 의심과 유예

절망스럽게도, 비글호에 탑승하는 것은 다윈이 생각했던 것처럼 안정된 것은 아니었다. 비글호 내의 다윈의 숙소는 괜찮았지만, 비글호는 불운의 대상이었다. 날씨는 좋지 않았고 출항을 하지 못하는 기술적 결함들이 있었다.

HMS 비글호는 10개의 총이 장착된 체로키급의 돛대가 하나 달린 범선이었다. 그러나 다윈이 비글호에 탔을 때는 총이 6개로 감량된 상태였다.

다윈은 비글호에 승선하는 것에 대해서 헨스로우와 상의하기 위해 캠브리지로 곧장 달려갔다. 그리고 다윈은 여행을 위해 비싼 돈을 주고 개인 교사도 고용했다. 이 모든 일들은 캠브리지의 사람들이 피츠로이가 보낸 편지의 의미를 오해하는 것에서 비롯됐다. 피츠로이가 함께 갈 동료를 구한다고 적은 것은 사실이었지만 피츠로이가 의미한 동료는 교수에 의해서 지명된 전혀 안면도 없는 사람이 아니라 자신의 지인을 의미하는 것이었기 때문이다. 그래서 다윈이 비글호에 승선할 준비를 하고 있었을 때, 이미 승선할 수 있는 자리는 전부 차버린 상태였다. 다윈은 실망했고 곧 비글호에 승선하는 것을 포기했다. 다윈은 윌리암 4세의 즉위식 3일 전에 런던에 도착해서 예의상 피츠로이를 방문했다. 그런데 다윈이 피츠로이를 방문했을 때 놀라운 소식이 그를 기다리고 있었다. 다윈이 피츠로이에게 가벼운 인사를 건네기도 전에 피츠로이는 다윈이 원하기만 한다면 자신의 지인을 빼고 다윈을 포함시켜주겠다고 제안하였다.

## 계획 세우기

당시에 런던은 즉위식 준비가 한창이었고 다윈은 그가 가진 모든 돈을 즉위식을 볼 수 있는 좋은 자리를 구하는데 써버렸다. 그리고 남은 기간 동안 그는 엄청난 부자인 피츠로이와 함께 여행을 위한 물품을 사기 위한 쇼

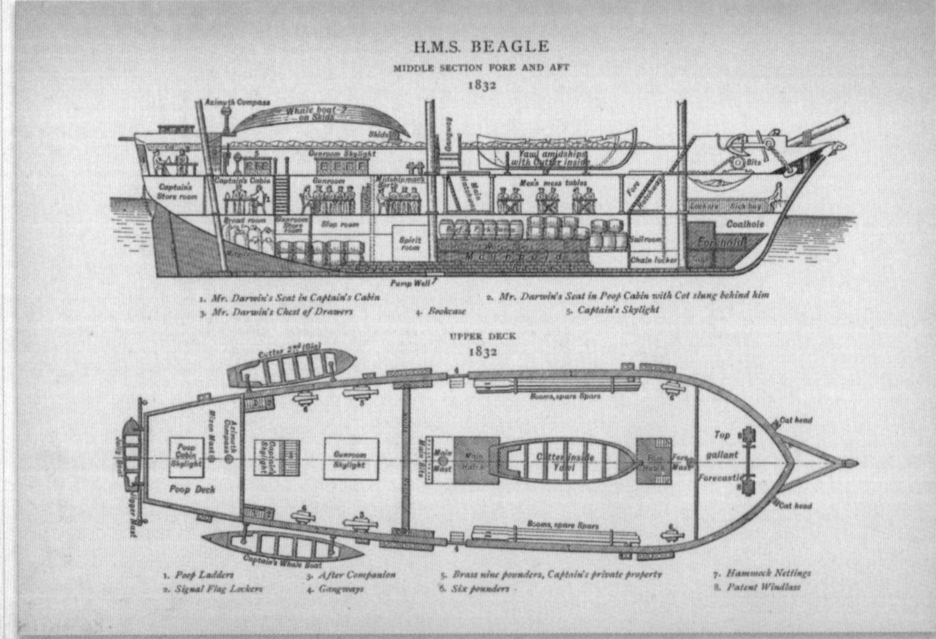

핑을 하였다. 그들은 기압계와 책들과 험악한 원주민들을 다루기 위한 무기 등을 샀다. 또한 다윈은 또 하나의 중요한 문제에 대해서 피츠로이와 협상을 했다. 다윈은 자신이 해군의 피고용인이 아니기 때문에 그가 만들 과학적 자료들은 다윈 자신에게 귀속된다는 점을 확실히 했다. 바로 이점이 훗날 다윈을 독립적인 연구가로 인정받도록 하였고, 또한 훗날 한 직원이 다윈의 수집품들을 윗사람들에게 넘겨주려고 했을 때, 다윈이 수집품의 접근권을 인정받도록 하는데 결정적인 역할을 하였다. 9월 11일에 피츠로이는 다윈을 데리고 배를 보러 갔다. 피츠로이는 다윈에게 켄트 해변을 따라 항해하는 증기선을 타보라고 은근히 제안하였다. 증기선을 타면 플리머스(영국 남서부의 군항)까지 훨씬 빨리 갈 수 있었다. 다윈은 "그럼 즐거운 날이 줄어드는 것이잖아요."라고 말했고, 이 말은 피츠로이에게 다윈이 배멀미를 하지 않는다는 확신을 주었다(사실 다윈은 배멀미를 했다).

"피츠로이에게 내가 얼마나 행복한 사람인지에 대한 확신을 주기 위해 내가 하루 종일 얼마나 분주하게 움직였는지....상상도 못할 것이다.

## 비글호

다윈은 사실 비글호의 크기가 작을 경우에 대해서는 대비하지 않았었다. 다윈은 비글호를 보고 그의 아버지가 배가 세계 일주를 하기에는 너무 작지 않겠냐며 걱정하시던 것이 떠올랐다. 비글호의 선원들은 승선하는 사람이나 사물을 특이한 방법으로 평가했다. 다윈은 존 클리멘트 위컴 중위가 자신의 체구가 큰 것을 보고 투덜대는 것을 들었다. 존 클리멘트 위컴 중위가 투덜대는 것을 들은 다윈은 부피가 큰 짐들을 가지고 왔을 때 중위가 싫어할까 봐 불안해졌다. 비글호는 낡고 비좁은 배였다. 비글호에서 값비싼 물건이라고는 피츠로이가 개인적으로 산 물품들뿐이었다.

비글호에는 65명의 선원과 9명의 승객이 타고 있었다. 다윈은 9명의 승객 중에 한 명이었다.

다윈은 비글호가 10월에 출발하기를 기대했다. 그렇지만 비글호는 그 뒤로도 10주나 더 항구에 머물렀다. 오랫동안 출항을 기다리면서 다윈은 계속되는 심장 경련에 괴로워했다. 또 거만한 선원들은 외국에서 겪은 무용담을 늘어놓으며 다윈을 괴롭혔다. 게다가 다윈은 자신이 초보자처럼 보이지 않도록 하기 위해 노력해야만 했다. 10월 24일에 또 한 번 항해 일정이 취소되자 다윈은 일지를 쓰기 시작했다. 처음에는 일지를 따분하고 단조롭게 썼으나 곧 사람들의 성격들과 각종 현상들과 사건들을 상세히 묘사하기 시작했다. 이러는 와중에도 그는 배의 규모가 작은 것을 계속 걱정했다. 특히 다른 여행객들이 각자의 짐을 가져오기 시작하자, 다윈은 "넓은 공간을 원하는 것은 미친 짓이야. 그래서는 절대 이 상황을 해결하지 못할 거야."라고 기록했다. 비글호가 여전히 출항하지 않고 있는 동안 계절은 가을에서 겨울로·변화하였다. 이슬비가 내렸고 바람은 차가워졌으며 다른 걱정거리들이 생겨났다.

### 섬뜩한 소식

11월 21일에 비글호의 선원 중 한 명이 갑판에서 떨어져 익사했다. 이 소식을 듣고 다윈은 큰 충격을 받았다. 출항도 하지 않은 배에서 이와 같은 일이 있을 수 있다면, 바다 위의 배는 훨씬 더 위험할 것이라고 상상할 수 있었다.

"플리마우스에서 보낸 이 두달은 내가 살면서 가장 불행했던 시간들이었다."

# CHAPTER THREE

# 비글호 항해

# 승객들과 선원

배를 조종하기 위한 사람과, 이 배의 화가, 크로노미터를 보는 기술자, 측량사, 선교사, 그리고 선교사와 함께 하는 세 명의 "야만인"들을 제외하면, 대부분의 사람들은 훗날의 명성을 얻기 위해서 비글호를 탔다. 그러나 비글호에 탄 누구도 훗날 가장 유명해진 사람이 찰스 로버트 다윈일 것이라는 것을 예상하지 못했다.

"그는 어떤 손해도 없다."

– 맥코믹이 떠나며 다윈에게 한 말

**화가인 콘라드 마틴**
다윈은 그의 저녁 식사를 한번 훔쳤다. 저녁 식사였던 동물이 과학적인 가치를 가지고 있었기 때문이다.

비글호가 출항하기도 전에 다윈이 이미 일지를 쓰기 시작했던 것처럼, 많은 사람들이 이 중대한 항해에 관심을 가지고 있었다.

존 클리멘츠 위컴(1798~64) 중위는 비글호가 두 번째 항해를 할 때부터 함께 했다. 중위는 다윈이 비글호에 탑승하는 것은 공간 낭비라고 생각했다. 비글호가 영국으로 다시 되돌아온 후에 그는 선장이 되어 비글호를 다른 항해에 사용하였다. 존 로트 스토크(1812~85) 중위는 비글호에 있는 24개의 시계를 관찰하는 역할을 담당하였다. 시계를 관찰하는 목적은 특정 지역의 시간과 그리니치 표준 시간을 비교하여 그 지역의 경도를 알아내어 기록하고, 이후에 이루어질 항해에 도움을 주기 위함이었다. 존 로트 스토크 중위는 이후에 위컴 중위로부터 비글호의 선장 자리를 물려받았으며, 결국에는 해군 제독의 자리까지 올랐다.

바소로메우 설리번(1810~90) 중위는 측량사였다. 측량사는 해안가의 해저 지도를 만드는 일을 하였다. 그는 훗날 크림 전쟁 기간에 포클랜드에서도 같은 역할을 하였다(그는 해저 지도를 만들어 영국 해군이 발트해에서 공격하기에 적당한 위치를 찾았다). 그가 영국 왕권을 위해 봉사한 공으로 해군 중장의 자리에 올랐고 1869년에 기사 작위를 받았다.

심스 코빙턴(1816~61)은 10대였다. 사실 그는 처음에 배 위에서 바이올린을 연주하고, 그 외에 잡일을 하기 위해서 고용되었었다. 그러나 코빙턴은 곧 다윈의 전용 조수가 되었다. 코빙턴은 샘플을 모았고 수집품들을 분류하였으며 일부 동물들을 사냥하기도 하였다. 코빙턴은 항해에서 돌아온 후에도 1839년에 오스트레일리아로 이주하기 직전까지도 다윈의 조수로서 일했다. 심지어 코빙턴은 오스트레일리아로 이주하고 나서도 자신이 오랫동안 지니고 다녔던 호주산 조개삿갓을 다윈에게 우편으로 부쳐주기도 했다. 필립 기들리 킹(1817~1704)은 10대의 해군사관학교의 생도였다. 그는 유명한 해군집안의 자손이었다. 그와 이름이 같았던 할아버지는 오스트레일리아 동쪽의 노포크 섬에 처음으로 정착한 유럽의 정착민이었다. 그리고 아버지인 필립 파커 킹은 다윈이 승선하기 전에 비글호의 선장이었다. 오스트레일리아에서 태어난 필립 기들리 킹은 어릴 때, 미술을 전공하려 했었지만 그의 기술이 부족함을 느끼고 비글호의 항해 이후에 다시 오스트레일리아로 돌아왔다.

## 잠시 동료였던 사람들

화가인 오구스터스 얼리(1793~1838)는 비글호의 중요한 순간들을 그림을 그려 기록하는 임무를 맡았다. 그러나 그는 배에서 생활하는 동안 건강이 나빠져서 브라질에서 항해를 그만둘 수밖에 없었다. 얼리가 비글호를 떠난 후에는 콘라드 마틴(1801~78)이 나머지 항해를 함께 하였다. 언젠가 한번은 마틴이 새를 잡아 요리하여 먹고 있을 때, 다

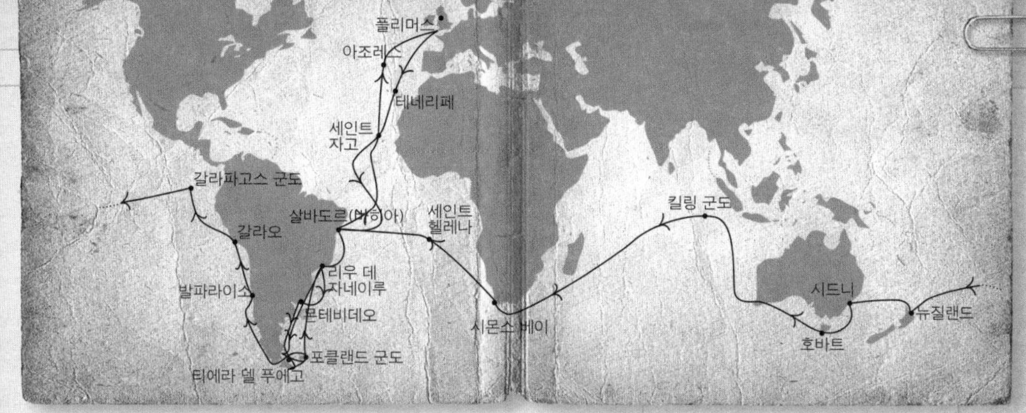


윈은 그 새가 분류되지 않은 종이라는 것을 알아차리고는 마틴이 먹다 둔 새요리를 훔쳤다. 다윈이 배 위에서 제 역할을 다하고 있는 동안, 다윈은 그 배의 의사인 맥코믹의 감정을 상하게 했다. 그는 다윈이 그 배에서 가지고 있는 "신사"의 지위를 싫어했다. 그 의사는 선장과 식사를 함께 할 수 없었다. 더 중요한 것은 영국 해군에서는 항해를 할 때, 일반적으로 그 배의 의사가 박물학자의 역할을 하였던 것이다. 맥코믹은 이 배에서 발견한 것들을 자신의 이름으로 출판하고 싶어했다. 그는 다윈이 열심히 자신의 일을 하는 것을 보며 좌절했고, 다윈이 가진 자유 시간에 맥코믹 자신이 하고자 했던 일을 하는 것을 보고 질투를 느꼈다. 맥코믹은 브라질에서 "이 작고 불편한 배에서의 내 지위는 잘못됐어!"라고 매우 화를 내며 비글호를 떠났다.

## 푸에고인들

영국 사람들의 눈에는 비글호에 타고 있던 사람들 중 티에라 델 푸에고의 원주민 세 명이 가장 이상해 보였다. 1830년에 피츠로이는 남미의 남쪽 끝에서 그의 보트들을 훔치려고 하는 원주민들과 싸웠다. 그는 4명을 포로로 잡고(1명은 이후에 죽었다.) 그들을 영국으로 데려가서 문명화된 삶을 보여주어야겠다고 성급히 결정했었다. 피츠로이는 이제 그때 잡혔던 세 명의 원주민들을 기독교 선교사로서 본국으로 돌려보내려고 결심했다.

세 명의 푸에고인은 요크 민스터(남, 27세), 제미 버튼(남, 14세), 그리고 푸에고의 바구니라고 불리는 소녀(여, 10세)였다. 푸에고인들은 1년간을 영국의 선교회에서 함께 보냈고, 선교회는 이제 그들이 그들의 고국에 선교사로서 돌아갈 수 있을 만큼 문명화되었다고 선언했다(10살의 소녀가 선교사의 일을 할 수 있을 것이라곤 생각되지는 않지만 말이다). 사실, 그들의 진짜 역할은 그들의 고향에서 통역사 역할을 하는 것이었다. 그리고 진짜 선교사인 젊고 발랄하며 낙천적인 로버트 메튜도 비글호에 함께 탑승했다. 비글호가 출항하기 전부터, 티에라 델 푸에고로 가는 사절단이 성공하지 못할 것이라는 소문이 돌았다. 메튜와 세 명의 푸에고인들은 영국의 기부자가 호의로 준 쓸데없는 선물이 가득 담긴 나무 상자들과 함께 도착했다. 그 선물들 중에는 심지어 푸에고의 황무지와 전혀 어울리지 않는 완벽한 중국 도자기 세트도 있었다.

제미 버튼

푸에고의 바구니

요크 민스터

피츠로이는 세 명의 푸에고인들을 그들의 지역으로 돌려보내려고 했다. 선원들은 그들에게 이름을 붙여주었다. 사실 그들의 실제 이름은 Orundel'lico, Yok'cushly, 그리고 El'leparu였다.

# 적도를 지나다

출항할 때 몇 가지 의심스러웠던 일들이 있었고 지독한 뱃멀미를 한 뒤라서, 다윈이 처음 육지를 발견했을 때 다윈은 매우 기뻐하고 흥분했다. 비글호가 적도를 지나 남미에 접근했을 때는 불안정하게 배 위를 걸어 다니던 다윈의 흔들리는 다리조차도 그의 열의를 가리진 못했다.

비글호는 마침내 1831년 12월 27일에 돛을 올렸다. 플리머스 항구를 떠난 지 2일만에 다윈은 시름시름 뱃멀미를 앓기 시작했다. 피츠로이는 크리스마스에 일을 열심히 하지 않은 몇몇 승무원들을 채찍질하라는 명령을 내렸다. 이것은 피츠로이의 천성과 꼭 맞아 떨어지는 것이었다. 때문에 다윈은 채찍질을 당하는 승무원들의 비명소리를 들어야만 했다. 얼마 지나지 않아 다윈은, 자신의 기분을 불쾌하게 하는 것은 바다 자체라는 사실을 받아들였다. 다음 주 내내, 다윈은 자신의 객실에서 납작 엎드려 있었다. 비스킷이나 건포도 외에는 어떤 것도 먹을 수가 없었다. 다윈은 1월이 되어서야 겨우 갑판으로 나왔다. 때마침 다윈은 멀리에 보이는 테네리페의 화산 봉우리를 어렴풋이 볼 수 있었다(테네리페는 대서양에 있는 카나리아 제도 중에서 가장 큰 섬이다).

## 콜레라에 대한 두려움

파도가 치는 바다에 맞서서, 피츠로이는 자신의 계획을 무시하고 마데이라 군도를 지나쳤다. 테네리페는 크로노미터10)의 측정으로 예상된 것만큼이나 가까웠다. 승무원들과 승객들은 마른 땅에서 태양을 볼 수 있기를 간절히 원했지만 그들의 바람은 그 지역을 다스리는 총독에 의해 좌절되었다. 영국에서 콜레라가 창궐했다는 소식이 있었기 때문에 비글호는 12일 동안 격리되어 있어야 했다. 피츠로이는 이 소식을 듣고는 다급히 닻을 내리라는 명령을 내리고 하선하지 않은 채 기다렸다. 다윈은 슬픔에 잠겨서 그가 다시는 마데이라를 볼 수 없을 것이라고 생각했다.

**이국적인 세인트 자고 섬**
다윈은 이곳에서 바나나를 샀고 그 맛을 "밋밋하면서 조금은 역겹고 단 맛"이라고 표현했다.

"오…이럴 수가…비극이다. 우리는 극도의 호기심을 만족시키지 못한 채, 세계에서 가장 흥미로운 곳을 지나쳤다."

— 다윈의 일지, 1832년 1월

10) 항해를 할 때 쓰이는 정밀한 시계

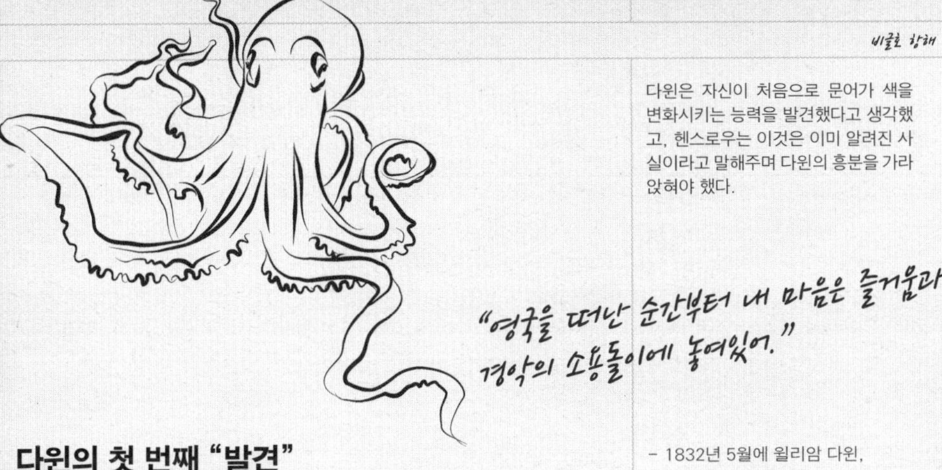



– 1832년 5월에 윌리엄 다윈,
폭스에게 쓴 편지에서

다윈은 자신이 처음으로 문어가 색을 변화시키는 능력을 발견했다고 생각했고, 헨스로우는 이것은 이미 알려진 사실이라고 말해주며 다윈의 흥분을 가라앉혀야 했다.

## 다윈의 첫 번째 "발견"

비글호의 사람들이 처음으로 하선한 곳은 세인트 자고에 있는 카보베르테 군도였다(세인트 자고는 현재의 산티아고이다). 그 섬의 우뚝 솟은 화산 봉우리들은 무성히 자란 이국적인 식물들로 덮여 있었다. 피츠로이의 사람들은 무아지경에 이른 다윈이 3주간 그 섬을 탐색하도록 내버려둔 채 측량을 하기 시작했다. 다윈은 그가 책에서만 보았던 타마린드나 바나나, 야자 같은 신기한 식물과 과일을 잔뜩 볼 수 있었다.

그는 그 당시를 다음과 같이 기록하고 있다. "나는 화산석을 밟으며, 알려지지 않은 새들의 노래 소리를 듣고, 처음 보는 곤충들이 처음 보는 꽃 근처를 날아다니는 것을 보면서 해변가로 되돌아 왔다. 그것은 마치 장님이 앞을 보게 됐을 때와 마찬가지로 감격스러운 순간이었다. 장님이 세상을 보게 되는 순간 장님은 그가 본 것에 압도될 것이며 그가 본 것을 곧바로 이해할 수 없었을 것이다. 그것이 바로 내가 그 순간 느낀 감정이었다." 다윈은 몸 색상을 바꾸며 도망가는 문어를 보고 깜짝 놀랐다.

다윈은 그것이 새로운 발견이라고 확신했다. 나중에 다윈의 친구인 헨스로우가 문어의 이런 능력은 동물학자들 사이에서 일반적으로 알려져 있다고 말해주긴 했지만 말이다. 그 이후에 다윈은 해수면보다 높이 있는 바위에 일렬로 조개들이 박혀 있는 것을 보고, 지질학자들이 가정한 것보다 훨씬 최근에 육지가 상승한 것은 아닐까 하는 궁금증을 가지게 된다.

그는 다음과 같이 기록하고 있다. "나는 내가 방문한 여러 나라에 대한 지질학 책을 쓰게 될지도 모른다는 생각이 들었고 그 생각에 전율을 느꼈다. 나에게 벅찬 순간이었다. 그리고 나는 내가 발견한 용암으로 만들어진 절벽을 뭐라고 불러야 할지를 고민했다. 햇살은 눈부시고 뜨거웠으며, 근처에는 이상하게 생긴 사막 식물들이 자라고 있었고, 발밑에는 조수 때문에 생긴 웅덩이에 산호가 살고 있었다."

### 넵튠[11] 왕의 의식

1832년 2월 17일에 다윈은 넵튠 왕처럼 어색하게 차려입은 피츠로이가 적도에 대한 엉터리 의식을 할 준비를 하는 것을 보았다. 훗날 다윈은 이 의식이 "상당히 싫었다."고 기록했다. 비글호에 타고 있는 사람들 중 한번도 "적도를 넘은" 적이 없던 32명의 사람들은 눈가리개를 하였고 물에 젖은 돛으로 적셔졌다. 그리고 의상을 차려입은 선원들은 이들을 "면도 하는" 흉내를 내었다.

"그들은 내 얼굴과 입에 피치[12]와 페인트로 거품을 내었으며, 쇠로된 거친 원형 고리로 그것들을 벗겨내었다. 신호가 오자 내 몸은 몸이 완전히 기울여져 물속으로 입수되었다…. 마침내, 정말 기쁘게도, 나는 탈출하였다. 사방으로 물이 튀었다. 선장을 비롯한 모든 사람이 젖었다."

훗날 선원들은 다윈에게 배에서의 다윈의 높은 지위를 감안하여 그들이 다윈을 살살 다뤘다는 사실을 말해주었다. 늘 소외되어 있었던 다윈은 마침내 그를 받아들여주는 사람들을 만났다.

---

11) 로마 신화에서 바다의 신, 그리스 신화의 포세이돈에 해당한다.

12) 원유를 증류시키고 남는 검은 찌꺼기

# 브라질

다윈은 남미 본토가 보이기 시작하자 굉장히 기뻐했다. 그러나 브라질의 식물상과 동물상, 그리고 여성성에 대한 흥분은 다른 걱정들 때문에 가려졌다. 다윈은 덧난 상처와 피츠로이 선장과 했던 노예 윤리 문제에 대한 말다툼 때문에 고통을 받았다.

13) 근대 지질학의 창시자

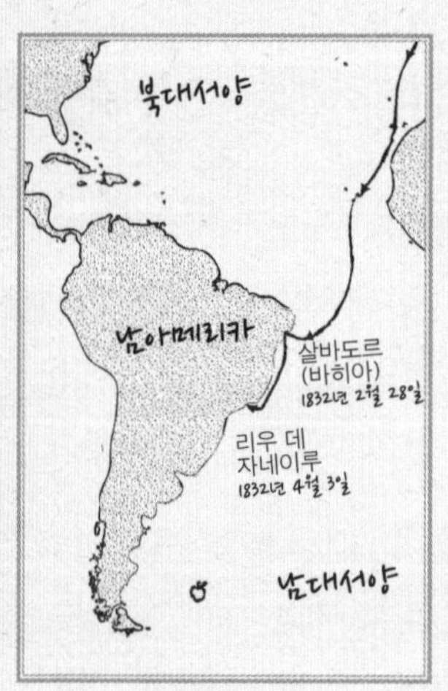


다윈은 브라질을 "기쁨의 카오스"라고 불렀다. 다윈은 브라질의 식물에 긁혀 며칠 간 몸져누워 있었음에도 불구하고, 다시 곧 무성하게 우거진 환희의 숲으로 갔다. 다윈은 이 숲에서 새로운 딱정벌레들과 편형동물들을 발견하였다.

그러나 다윈은 자신이 노예를 사고 파는 사회 속에 있다는 것을 깨닫고 큰 문화적 충격을 받았다. 이 사회는 그 어떤 것이라도 높은 가격을 부르는 사람에게 거래될 수 있는 사회였다. 다윈은 외국 문물에 대한 경험이 적었기 때문에 문화의 차이만을 집중해서 보았다.

다윈은 곧 그가 이 나라 사람들보다 훨씬 우위를 가진다고 생각하게 되었으며 브라질 사람들 탓을 하기 시작했다. 그는 다음과 같이 적고 있다. "내가 아는 한 브라질 사람들은 소유욕이 강하고 서로 나누려고 하지 않으며, 무지하고, 극도로 겁쟁이이며 나태하다. 그들은 우리가 그들에게 하는 모든 비평에 대해서 "왜 우리는 우리 할아버지가 했던 것처럼 하면 안 돼요?"라고 대답한다.

## 주인과 노예

다윈은 남아메리카에 도착하고 나서 처음으로 완전히 낯선 문화를 접하게 되었다. 그는 낯선 문화를 접하자, 문화들을 서로 비교하기 시작했다. 여기서 영감을 받아 훗날 다윈은 사람의 성격에 대한 연구를 하게 된다.

그의 분노는 결국 철학적인 탐구심에 의해 누그러지고 만다. 다윈은 그가 흑인 노예에 대해서 궁금해 하는 것만큼이나, 어떻게 브라질 사람들이 이렇게 이상한 태도와 성격을 갖게 되었는지에 대해서도 궁금해 했다. 그는 노예라는 존재가 있기 때문에 브라질 사람들은 인력을 줄일 수 있는 도구들이나 새로운 기술을 개발하는 것에 투자하는 데에 매력을 못 느낀다고 생각했다. 다윈은 골상학자의 눈으로 브라질 사람들을 바라봤고, 성직자나 숙녀마저도 "교활함을 지니고 있고, 음란하며, 자만심이 강하다."고 확신했다. 그는 브라질 여성들이 노예에게 소리를 지르는 것을 보고는 "그들은 여성으로 태어났지만 악귀처럼 죽을 것이다."라고 적기도 했다. 다윈의 동료들이 다윈에게 자신들이 여주인에게 벌을 받아 엄지손가락이 없는 노예를 보았다는 사실을 이야기 해주자, 다윈은 소스라치게 놀랐다.

"갑작스럽게 솟아있는 원뿔형 언덕들은 예전부터 훔볼트13)가 편마암-화강암으로 지정한 산물의 특성이라고 생각되었다. 세상 그 무엇도 무성히 자란 식물들 위로 암석으로 둘러싸인 거대한 언덕이 솟아있는 것을 보는 것보다 충격적이지는 않을 것이다."

— 다윈의 일지, 1832년 4월 19일

*"체인으로 묶인 노예가 무릎을 꿇고 그의 긴 팔을 뻗고 있으며 거기저 보이는 창백한 얼굴을 하고 있다. 그는 상처를 입었으며 힘든 일로 고통받고 있다. "우리는 형제가 아니던가?" 슬픔에 목이 멘다."*

– 에라스무스 다윈, 1791

## 뜨거운 커피

다윈은 노예들의 어려움을 보면서 매우 화가 났다. 다윈의 친할아버지와 외할아버지 모두 노예반대운동을 했었다. 외할아버지인 조지아 웨지우드는 "나는 사람도 형제도 아닌가요?"라는 유명한 슬로건을 만들어낸 사람이기도 하다.

다윈은 피츠로이 선장과 함께하는 저녁 식사 시간에 노예에 대한 문제를 언급하는 실수를 범했다. 피츠로이는 노예가 자신의 역할을 하며 행복해야만 한다고 주장하는 사람이었다. 실제로 피츠로이는 주인에게 자신이 행복하다고 이야기하는 노예를 보았다고 기록을 남기기도 했다. 피츠로이는 다윈의 퉁명스런 대답을 그의 일기장에 적어두었다. "나는 다윈에게 그럼 그 노예가 주인에게 한 대답은 거짓말이란 말이오?라고 물었다(아마도 나는 그를 비웃는 표정이었을 것이다). 내가 이렇게 묻자 다윈은 굉장히 화를 내면서 우리는 이제 함께 지낼 수 없겠소!라고 말했다. 나는 그가 그런 말을 했다는 것을 믿을 수가 없었다." 피츠로이는 다윈의 말을 듣고 광분했다. 피츠로이의 시중을 들던 선원은 피츠로이에게 "뜨거운 커피"라는 별명을 지어주기도 했다. 다윈은 피츠로이가 배에서 떠나라고 할까 봐 두려웠지만 피츠로이는 얼마 지나지 않아 화가 누그러졌다. 이런 일들이 있긴 했지만, 배에서 떠나서 더 많은 시간을 보낼 수 있게 되었기 때문에 다윈은 오히려 기뻐했다. 비글호가 브라질의 해변가를 철저히 조사하는 동안, 다윈은 한가로운 보토포고 만이 내려다보이고 장엄한 코르코바도 산의 경치가 보이는 작은 오두막집에 세를 얻었다. 코르코바도 산은 현재 리우 데 자네이루를 상징하는 심볼의 역할을 한다. 그러나 다윈은 과학자였기 때문에 지질학에 훨씬 관심이 있었다.



다윈은 다윈의 할아버지들이 노예해방운동을 하도록 만들었던 노예들의 실상과 맞닥뜨렸다.

### 4월의 돌고래라구?

비글호로 항해를 하던 중, 다윈은 3월 31일 밤에 여느 때처럼 잠자리에 들었다. 자정이 막 넘었을 때 설리번 중위가 그의 숙소로 찾아와 그에게 "범고래"를 본 적이 있느냐고 물었다. 설리번이 특이한 품종에 대해 알려주고 있다고 생각한 다윈은 그의 숙소를 뛰쳐나와 갑판으로 갔다. 그러나 갑판에 있었던 것은 그를 보고 웃고 있던 선원들뿐이었다. 그때서야 다윈은 지금이 4월 1일이라는 것을 깨달았다.

# 티에라 델 푸에고

그 이후로 몇 달동안 비글호는 남미의 동해안을 따라서 부에노스아이레스나 몬테비데오와 같은 항구를 들리면서 항해했다. 12월에 비글호는 남미의 가장 남단인 티에라 델 푸에고에 도착했다. 다윈은 이곳에서 원시 부족원들을 가까이 접할 수 있었고 당대에는 생소한 관점으로 그들을 관찰했다(다윈은 이 "야만인"들이 아마도 유럽 사람들에게는 이미 퇴화된 기술을 가지고 있는 것이라고 생각했다).

북대서양

남아메리카

몬테비데오
1832년 7월 26일

남대서양

티에라 델 푸에고
1832년 12월 18일

아메리카의 남쪽 끝에서, 다윈은 티에라 델 푸에고는 "삶의 정신 대신 죽음의 정신이 널리 퍼져있는 곳"이라고 선언했다. 공기는 차가웠고 원주민들은 짙은 화장을 하고, 거의 옷을 벗고 있는 야만인이었다. 제미 버튼에 의하면 여기의 원주민들은 겨울에 자신의 부인을 잡아먹기도 한다고 했다. 그러나 메튜 목사님은 이런 황량한 기후를 대수롭지 않게 생각했으며 이곳에 남아 이 지역에 기독교 신앙을 퍼트리고 싶어 했다.

## 이상한 인사

비글호에 푸에고인이 세 명이나 타고 있었음에도 불구하고, 그들 세 명은 유럽 방식에 익숙해 있었다. 푸에고 섬에서 푸에고인을 만나면서, 다윈은 이 지역에서는 우정을 표현할 때 닭처럼 꼬꼬댁하는 소리를 내거나 서로의 몸통을 치는 것을 알아냈다. "이런 우정의 표현은 몇 번이나 반복되었다. 나는 세 번이나 손바닥으로 세게 가슴과 등을 맞고서야 이것이 우정의 표현임을 알았다. 그는 나를 손바닥으로 친 후에 그의 가슴을 드러내 보이며 내가 인사를 하기를 기다렸다." 다윈은 자신이 그들을 관찰하듯이 자신도 그들의 관찰 대상이 된다는 것을 알았다. 그가 설리번 중위와 산을 오를 때, 그들은 원주민들이 숨어서 자신들을 지켜보고 있다는 사실을 몰랐다. 설리번이 경사진 곳으로 돌을 굴리며 놀고 있을 때, 다윈은 지질을 관찰할 때 사용하는 망치로 돌을 두드리고 있었다. 얼마 지나지 않아 그는 원주민들이 그들의 행동을 그대로 따라하는 것을 보고 깜짝 놀랐다. 푸에고인들은 다윈의 움직임을 그림자처럼 따라했다. 그의 하품이나 기침, 심지어는 원주민들이 자신을 따라하는 것을 알아차리고 얼굴을 찌푸리자 찌푸린 얼굴까지도 흉내를 내었다. 그는 아프리카나 오스트레일리아의 원주민들도 푸에고인처럼 흉내를 잘 낸다는 것을 들어서 알고 있었다. 그리고 다윈은 유럽 사람들과는 달리 흉내를 잘 내는 원주민들에게 깊은 인상을 받았다. 그는 푸에고의 바구니(다윈의 일행이었던 원주민 중 10세 소녀)라고 불리던 소녀가 보토포고만 근처로 숙소를 잡았을 때 포르투갈어를 빠르게 배웠다는 것을 기억해냈다. 그리고 자신들이 "야만인"이라고 부르는 사람들이 문명화된 유럽 사람들에게는 이미 퇴화된 기술을 가지고 있는 것에 대

"이 사람들의 능력은 어떻게 설명될 수 있을 것인가? 문명화된 곳에 살아온 사람들과 비교했을 때, 야만인들에게 공통적으로 나타나는 지각과 날카로운 감각은 연습을 통해 얻어진 결과인가? — 다윈의 일지, 1832년 12월 17일

해 깊이 고민하게 되었다. 자기 자신과 푸에고의 원주민 그리고 동화된 푸에고인들을 비교해 보는 것은 그가 처음으로 사람을 절대자가 만든 창조물이 아니라 창조물이 확장된 것이라고 가정해보게 하는 첫 번째 계기가 되었다. 다윈은 또한 푸에고인의 삶이 완전히 단순하기 때문에 그들의 기량이 발달하지 않는다고 기록했다. 만약 누군가가 돌을 후려침으로써 조개를 실컷 먹을 수 있다면, 그에게 사냥꾼의 감각은 필요하지 않을 것이다.

비글호가 푸에고인의 선박을 왜소해 보이게 하고 있다.
콘라드 마틴이 그린 수채화에서

## 푸에고인의 운명

1833년 초반에 비글호는 이미 비협조적이고 적대적인 무리에 지친 메튜 목사님을 찾으러 돌아왔다. 야만인들의 일부는 심지어 메튜의 머리나 턱수염을 뽑으며 괴롭히기도 하였다. 물건들까지 도둑맞은 선교사는 다시 배로 돌아왔고 세 명의 푸에고인들만을 본토에 남기고 그들이 야만인들을 "문명화하기를" 바라면서 섬을 떠났다.

다윈은 3월까지 제미 버튼이 다시 푸에고인의 삶으로 돌아가는 것을 기록하였다. "불쌍한 제미였던 이 남자는 이제 헝클어진 머리를 하고 허리에 두른 망토 조각을 제외하면 거의 벌거벗었으며 마르고 초췌한 야만인이 되었다. 우리는 그가 우리 곁으로 다가오기 전에는 그를 알아보지 못했다. 제미는 자기 자신을 부끄러워하면서 배에서 등을 돌렸다. 우리는 그를 살찌우고 깨끗이 씻겼으며 옷을 입혔다. 나는 지금까지 그처럼 완벽한 변화를 본적이 없다.

제미는 결국 푸에고 부족의 우두머리가 되었고 선교활동의 일환으로 대규모 학살을 하였다고 비난 받은 직후인 1864년에 죽었다. 그의 아들인 트리보이는 1866년에 영국을 방문했다.

# 포클랜드 군도

비글호는 티에라 델 푸에고에서 포클랜드 군도까지 항해하였다. 영국 해군이 이 군도에 들르라고 반복적으로 요구한지 얼마 지나지 않아서 명령이 떨어졌다. 이 지역이 전략적으로 중요하여 비글호가 이 섬들을 두 번씩 방문했기 때문에, 다윈은 이 지역의 고유종들과 유럽에서부터 도입된 외래종들을 자세히 관찰할 수 있었다.

14) 남아메리카의 카우보이

비글호는 1833과 1834년에 포클랜드 군도에 도착했다. 이 지역은 세력다툼 때문에 이름이 프랑스어에서 스페인어로, 그리고 영어로 적어도 5번 이상 바뀌었다. 영국이 이 군도를 남미의 새로운 주인 아르헨티나로부터 다시 빼앗아 왔을 때 군도의 이름이 마지막으로 바뀌었다.

몇 년간의 통치권 분쟁이 있은 후 포클랜드는 공식적으로 영국의 식민지가 되었다. 그 당시에 이 섬의 주민들은 주로 바다표범을 사냥하거나 고래를 잡아 가공하는 일을 하며 살았다. 또한 이 섬에는 법률이 없었다. 다윈이 이 군도에 도착하기 4개월 전에 아르헨티나의 통치자가 그의 신하에게 살해당했다. 그 후에 얼마 되지 않아 영국의 군함이 도착했고 그 지역이 영국의 통치를 받을 것임을 선포하였다. 그러나 다윈이 군도에 도착했을 때, 영국의 법은 그 시절 그 지역에서 그다지 효력이 없었다. 다윈은 남아있는 거주자들을 관찰하고는 "반쯤은 도망 다니는 반역자이거나 살인자였다."라고 기록했다.

## 야생의 말들

다윈이 남미의 열대성의 날씨에 익숙해진 후였기 때문에, 춥고 비와 우박이 자주 오는 포클랜드의 날씨에 대해서는 좋은 인상을 받지 않았다. 그는 이 "불쌍한 군도"를 노쓰웨일스에 비유하였다. 그리고 그는 "지질학적인 것을 제외하고는 우리의 여행 중에서 가장 재미가 없었다."라고 기록하고 있다.

다윈은 소 치는 사람인 가우초[14]와 함께 섬들을 여행했다. 그리고 다윈은 가우초들이 소에 올가미를 매어 데리고 다니는 것을 보았다. 가우초들은 다윈에게 1764년 프랑스군에 의해 남겨진 군마들이 살아남아 이룬 야생말들의 무리도 보여주었다. 다윈은 그 말들이 퍼져 살아가는 것을 방해하는 자연적인 장벽이 전혀 없음에도 불구하고 여전히 그 섬의 동쪽에만 제한적으로 서식하고 있는 것을 보고 놀랐다. 또한 다윈은 왜 그 말들의 숫자가 폭발적으로 증가하다가 갑자기 더 이상 증가하지 않고 일정한 수를 유지하게 되었는지에 대해 궁금해 했다. 한 가우초는 다윈에게 수말이 암말에게 키우고 있던 새끼를 버리고 무리로 들어오도록 종용하는 이상한 버릇이 있다는 것을 알려주었다. 내버려진 새끼는 굶어 죽거나 포식자에게 노출되어 죽는다.

다윈은 또한 말들이 이 섬으로 이주하여 우연히 생긴 결과를 보게 되었다. 그들은 이 섬의 환경에 완전히 적응되어 있지 않았다. 말들은 "땅이 너무 물렀기 때문에 발굽이 불규칙적인 크기로 자랐다. 그리고 불규칙적인 발굽 때문에 다리를 절었다." 도시의 말들은 그들의

*"이곳은 그런 일들이 발생할 법하다. 울퉁불퉁한 땅은 토탄질 흙과 빳빳한 풀들로 덮여있어 황량하고 참혹하다."*

— 다윈의 일지, 1833년 4월 17일

**와라, 혹은 포클랜드의 여우**
농부들이 양을 보호하려 했기 때문에 이 동물은 멸종 위기에 처해 있었다.

발굽을 거친 유럽의 길로부터 보호하기 위해서 철로 만들어진 "신발"을 신어야만 하는 반면에, 늪이 많고 땅이 무른 포클랜드에 사는 말들은 신발을 신을 일도 없었지만 발굽이 충분히 닳아서 편평해질 수도 없었다.

## 포클랜드의 여우

다윈은 또한 '와라'에 흥미를 느꼈다(와라는 포클랜드의 늑대나 여우를 지칭하는 말이다). 이 외딴 섬에 서식하는 독특한 생명체는 개와 비슷한 외모를 가지고 있었으며 생기가 넘치고 호기심이 많았다. 와라는 호기심이 많았기 때문에 손에 고기를 쥐고 유인하는 가우초에게 쉽게 잡히곤 했다. 이 지역의 거주자인 로우와 대화를 나누다가 다윈은 흥미로운 정보를 들었다. 일반적인 와라는 황갈색을 띠며 꼬리에 흰색 무늬가 있다. 그러나 로우에 의하면 서쪽 섬에 있는 와라는 몸집이 더 작고 좀 더 붉은 색을 띤다고 했다. 다윈은 와라를 포획하거나 구매해서 표본을 얻었다. 그러나 다윈은 로우의 주장을 뒷받침할만한 증거를 찾지는 못했다. 다윈은 자연 상태의 와라를 좀 더 추적하고 싶었지만 이 지역에 새롭게 정착한 농부들 때문에 이미 와라는 멸종의 위기에 처해 있었다.

*"여기의 섬들이 공식적으로 알려진 지 몇 해 지나지 않아, 이 여우들이 곧 이미 멸종한 도도새와 같은 운명을 맞이할 것이라는 사실은 자명해 보였다."*

— 다윈의 일지, 1833년 4월 17일

# 또 다른 행성

포클랜드를 떠난 후에 비글호는 북쪽으로 한 번 더 항해를 하다 방향을 바꾸어 티에라 델 푸에고와 포클랜드를 한 번 더 방문했다. 영국을 떠난 지 2년 후인 1834년 6월 11일에 비글호는 케이프 혼15)을 돌아서 태평양에 들어섰다. 비글호가 남미의 서쪽 해변을 따라 항해할 때 칠레에서 발생한 지진은 다윈이 그동안 구상해 왔던 이론이 옳다는 것을 확인해주었다. 그렇지만 다윈은 비글호가 다시 영국으로 돌아오고 나서야 이 지진이 갖는 의미를 깨닫게 된다.

15) 남아메리카의 최남단의 곳

2월의 끝 무렵, 다윈이 칠레의 숲 속에서 꾸벅꾸벅 졸고 있을 때, 갑자기 땅이 흔들리기 시작했다. 지진이 일어났던 것이다. 지진이 일어나는 2분 동안 다윈은 그가 발로 디디고 있는 땅처럼 단단한 것도 변할 수 있다는 사실에 굉장히 놀랐다. "지진이 발생했을 때 바로 서 있는 것은 어렵지 않았다. 그러나 그 움직임 자체가 나를 현기증 나게 했다… 이 같은 지진 한번으로, 단단하고 굳건한 것의 상징이라고 생각했던 세상이 내 발 밑에서 움직이고 있었다…."

정착지 근처의 돌로 지은 집들은 무너져 내렸지만 교회는 현대적인 빌딩에 비추어 보았을 때 전혀 부족하지 않다는 것을 증명하듯이 굳건했다. 지진이 발생하고 난 후에도 지진으로 인한 화재와 6m나 되는 해일 때문에 매우 혼란스러웠다. 다윈은 며칠 동안 이런 재앙이 영국에도 닥친다면 어떻게 될까를 궁금해 했다. 다윈은 계산을 해본 후에 이런 재앙의 여파로 다윈은 땅이 그저 흔들리기만 하는 것이 아니라 땅이 옮겨질 수도 있으며, 부서질 수도 있고, 솟아오를 수도 있다는 사실을 깨달았다. 해안가 근처의 낮은 절벽 위에는 최근까지 물속에서 살아있었을 것으로 보이는 죽은 홍합들이 여기저기에 모여 있었다.

> "섬을 돌아다니는 동안, 해변에서 꽤 떨어진 곳에서 바다 속에서만 나는 각종 산물들이 붙어있는 돌조각들을 보았다. 돌조각들 중에는 넓이가 2제곱미터나 되고, 두께가 30센티미터 가량 되는 것도 있었다."

– 다윈의 일지, 1835년 2월 20일

다윈은 산들이 단번에 생성되는 것이 아니라 수백 년을 거쳐 조금씩 솟아오른다는 것을 보았다. 바다 밑바닥이 육지 위로 올라가 산을 형성하기도 하고, 숲이 바다 밑으로 잠기기도 했다. 이것은 영국의 지질학자인 찰스 라이엘에 의해 지지되는 이론이었다. 다윈은 찰스 라이엘의 「지질학의 원리들」이라는 책을 읽은 적이 있었다.

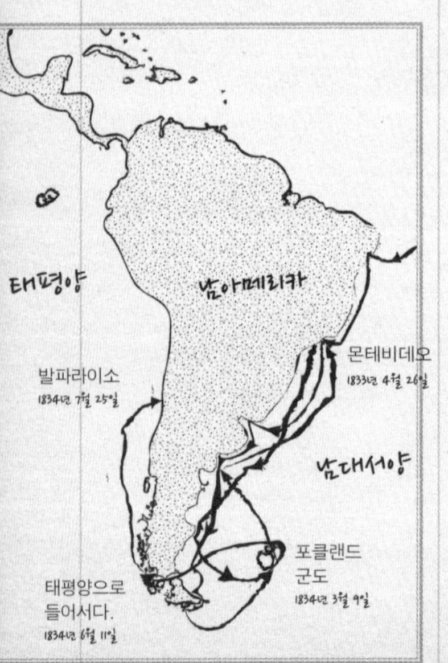


## 새까맣고 뜨거운 섬들

비글호는 바다로의 항해를 시작해서 갈라파고스 군도 내에 있는 칠레의 식민지에 도착했다. 이 화산섬은 검은 모래와 원추형의 산들로 이루어져 있었다. 검은 모래는 상당히 뜨거워서 다윈은 이 검은 모래위를 껑 충껑충 뛰어다녔다. 피츠로이는 이 당시를 "우리는 검은 용암이 굳어져 서 된 음산한 검은 섬에 도착했다. 그곳의 해변은 지옥에나 어울릴 것 같 았다."라고 기록했다. 그러나 다윈은 사람을 반기지 않는 것 같은 이 섬을 둘러보고 싶어 했다. 그리고 다윈은 만약 여기에 어떤 생물들이 살고 있 는지를 알아본다면 그 생물들을 바탕으로 여기 환경을 평가할 수 있을 것 이라고 말했다.

다윈은 이곳의 식생에 대해서 완전히 실망했다. 본토에서는 푸르게 우 거진 나무들을 잔뜩 볼 수 있었는데 여기에서 그가 볼 수 있는 것이라고는 해초들과 드문드문 있는 식물들뿐이었다.

섬들은 마치 파충류들의 천국처럼 보인다. 검은 화산암 위에 역겹고 보기 싫은 뱀들이 여기저기에 퍼져있었다.... 어떤 사람은 그들을 '어둠의 도깨비'라고 부르기도 다. 도마뱀들은 확실히 이 음습한 땅에 잘 어울렸다.

이곳은 극지방에 있는 암석들보다도 황폐해 보였다. 다윈이 섬 안쪽으로 들어갔을 때, 다윈은 상당히 무게가 나가는 생물체에 의해 만들어진 것 같 은 매끄러운 통로를 발견했다. 그 통로는 다윈에게 염소들이 만든 통로를 생각나게 했다. 다윈은 모서리를 돌았고 커다란 거북이 두 마리를 보았다. 거북 껍질의 지름은 2미터쯤 되어 보였는데, 거북이들은 조용히 선인장을 우적우적 씹어 먹고 있었다.

"검은 화산암과 잎이 없는 앙상한 관목, 그리고 선인장에 둘러싸여 있는 파충류들은 마치 태고 때 살았던 동물 같기도 하고, 다른 행성에 거주하는 동물들 같기도 했다."

– 다윈의 일지, 1835년 9월 21일

# 갈라파고스 군도

비글호는 칠레에서 힘차게 북쪽으로 항해하여 페루에 들렀다가 갈라파고스 군도에 도착했다. 다윈은 처음 이 섬에 도착했을 때 곤충이 적다는 사실에 실망했지만, 곧 섬마다 동물의 특성이 조금씩 다르다는 사실에 매료되었다. 다윈은 이 사실에 수십 년간 매료되어 있었고, 결국 가장 유명한 업적을 이루어낸다.

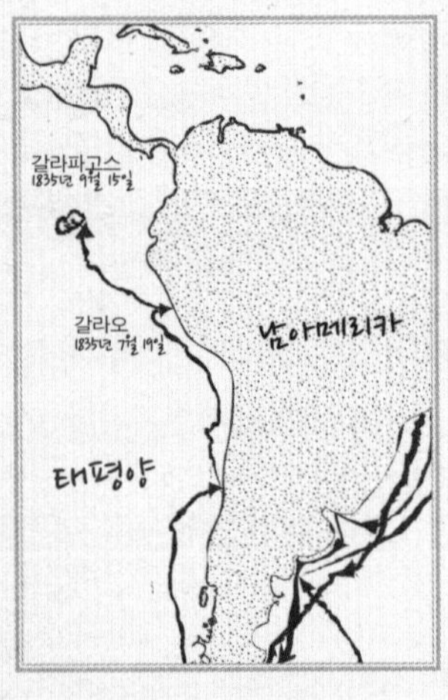


비글호의 선원들은 갈라파고스 군도에서 5주를 보냈다. 다윈은 그 동안 많은 종들의 표본을 모았다. 이 지역에는 포식자가 없었기 때문에 동물들은 다윈이 가까이 다가가도 도망가지 않았다. 한번은 이구아나를 물속에 던져 넣어 물에서 어떻게 반응하는지를 보려고 했는데, 그 이구아나는 물속에서 기어 나오고 나서도 도망가지 않고 다윈이 자신을 다시 집어 올리도록 내버려 두었다. 커다란 거북이로 말할 것 같으면, 다윈은 한 거북이 등을 올라타서 돌아다니기도 했다. 다윈은 거북이가 그렇게까지 느리다는 것에 놀랐다.

음식은 충분했고, 다윈은 선원들과 함께, 거북이 기름에 거북이 고기를 익혀 먹었다. 갈라파고스 군도의 거대한 거북이들은 좋은 먹이였고, 잡아먹기 전에 배 위에서 수개월 동안 쉽게 살아 있어 보관하기가 좋았으므로 선원들 사이에서 꽤 유명했다. 다윈은 이 지역의 부총독인 로슨의 정원에서 화분으로 쓰이고 있는 거북이 껍질들을 발견했다. 로슨은 다윈에게 거북이들이 각각의 섬들마다 다른 모양을 띄고 있다고 말해주었다. 각각의 섬에 조금씩 다르게 생긴 거북이가 살고 있다는 것은 그리 놀라운 소식은 아니었다. 이미 이전에 다른 작가가 이것에 대해 기술한 적이 있었기 때문이다. 다윈은 포터 선장이 "에스파뇰라 섬(영어 명칭으로는 후드섬)의 거북이들의 등껍질은 앞부분이 두껍고 마치 스페인의 안장처럼 끝이 조금 말려있는 반면에, 제임스 섬의 거북이의 등껍질은 좀 더 둥글고 좀 더 짙은 검은색이며 익혔을 때 더 맛있다."고 기록을 남겼던 것을 알고 있었다.

그렇지만 다윈은 왜 거북이 사이에 이런 차이가 생기게 되었는지에 대해서 생각하기 시작했다. 갈라파고스에 대한 다윈의 생각은 이 섬들을 떠나 기나긴 항해를 하는 동안 크게 발전하였다. 다윈이 비글호를 타고 있는 동안 썼던 일지를 보면 그의 철학을 구성하는 데 있어 이 발견이 얼마나 중요했는지를 알 수 있다. 그는 이 발견을 기록한 일지에 페이지를 덧붙여 의견을 쓰는 것에 집중해서, 일지 쓰는 것은 점차 그만두게 되었다. 다윈은 그 섬에서 있었던 일들을 그 섬에 실제로 있었던 기간이 훨씬 더 지나서야 기록했다.

다윈은 이 지역의 거북이가 다양한 것처럼 이 지역의 새와 도마뱀의 주둥이 색깔과 길이도 다양하다는 것을 들었다. 그리고는 이런 "구조의 무수히 많은 소소한 변인들"이 대륙 전체를 가로질러서도 발견될 것으로 기대되지만 대륙에서는 이와 같이 좁은 지역 내에 이렇게 소소한 변인들이

"나는 이전에는 한 번도 서로 80~90km 정도밖에 안 떨어져 있어서 한 눈에 여러 섬들을 볼 수 있으면서, 같은 종류의 암석으로 이루어져 있고, 섬의 높이가 비슷하고, 같은 기후 아래에 있지만, 다른 종류의 생물들이 살고 있는 이와 같은 곳을 상상해 본 적이 없다. 그렇지만 우리는 상상하지도 못했던 이곳을 직접 보게 되었다."

— 「비글호의 항해」

다윈은 부총독의 정원에서 발견한 거북이 등껍질 화분들을 보고 서로 다른 섬에서 온 거북이 껍질 모양을 비교하며 즐거워했다.

"각각의 섬에는 서로 다른 거북이, 흉내지빠귀, 핀치새, 식물들이 살고 있었다. 각 섬에 사는 생물들은 공통적인 특성을 가지고 있었고, 같은 자연환경에서 살고 있었으며, 명백히 각 섬의 생태계에서 동일한 지위를 차지하고 있었다. 이것은 굉장히 기이한 일이었고, 나는 큰 충격을 받았다."

— 「비글호의 항해」

"보통 항해사들이 한 장소를 떠날 때쯤에 가장 흥미로운 것을 발견하게 된다. 그렇지만 나는 다행스럽게도 배가 출발하기 전에 이곳 생물의 분포를 설명할 수 있을 만큼 충분한 자료를 수집할 수 있었다."

— 「비글호의 항해」

많이 존재하지는 않을 것이다."라고 설명하였다.

다윈이 알고 있는 한, 영국의 자연과학은 아직도 기독교 학자들의 관점을 따르고 있었다. 그렇지만 다윈은 의문을 가질 수밖에 없었다. "신이 진정 세상의 모든 생물체를 창조하였다면 갈라파고스의 생물들이 이와 같은 다양성을 가지도록 한 이유는 무엇일까?"

다윈은 이미 연구의 중요한 부분을 이해할 수 없다는 점에 초조해하고 있었다. 다윈은 그가 서로 다른 섬에서 찾은 생물들을 각각의 생물로 분류하는데 실패했다. 서로 다른 섬에서 살고 있는 생물들은 모습은 조금씩 달랐지만 각각이 다른 종이라고 보기는 어려웠던 것이다. 다윈은 피츠로이가 닻을 올리고 이 섬들을 영원히 떠나기 전에, 그가 이미 수집한 생물들을 면밀히 연구하여 이 문제에 대한 해결책을 찾고 싶었다.

# 남태평양

1835년 10월 20일에 비글호는 갈라파고스 군도를 떠나 타히티 섬으로 향했다. 온순한 바람과 함께 한 달쯤을 항해한 끝에 비글호는 타히티 섬에 도착했고, 다윈은 타히티 섬에 반해버렸다. 비록 쿡 선장이 이곳을 방문한 후부터 많은 것이 변하긴 했지만, 비글호의 선원들에게 타히티 섬은 마치 파라다이스처럼 느껴졌다. 타히티 섬을 떠나 뉴질랜드에 도착했을 때, 다윈은 사고의 전환을 해야만 했다. 나쁜 "문명화된" 사람이 착한 "야만인"을 타락시키고 있는 건 아닐까?

오랫동안, 다윈의 가계에서 남태평양은 중요한 위치를 차지했다. 찰스 다윈의 할아버지인 에라스무스는 타히티 섬의 혼인 풍습에 대한 글을 쓰기도 했었다. 다윈은 타히티 섬과 타히티 섬의 풍습에 매료되었지만 편지에는 그 섬에서 생활하는 반나체의 여인들에 대해서는 언급하지 않았다. 자신의 누이들이 그 편지를 읽게 될 것임을 알고 있었기 때문이다. 그 대신에 다윈은 "지금까지 내가 봤던 남자들 중에 가장 체격이 좋은" 남성들과 그들의 그을린 피부, 그리고 부족 전통의 문신에 대한 기록을 남겼다.

## 왕족과의 식사

다윈과 피츠로이는 비글호에 탑승한 타이티족의 포마르 4세 여왕(1813~77)을 대접하게 되었다. 놀랍게도 22세의 어린 여왕과 그녀의 수행원들은 그들의 국민들과 달리 유럽식 생활양식에 상당히 익숙했다. 심지어는 선원들이 거친 목소리로 노래들 부를 때 살짝 당황한 것처럼 보이기도 했다. 다윈이 볼 때, 기독교 선교사들은 매튜 신부가 티에라 델 푸에고에서 했던 선교 사업에서보다 타히티 섬에서의 성공에 더 기뻐하는 것 같았다. 타히티 섬의 사람들은 찬송가를 즐겨 불렀고 술을 매우 싫어했으며, 왕을 찬양했다. 여왕의 "옷을 입는 방식"이 좀 부족하긴 했지만, 다윈은 여왕이 마음에 들었다. 또, 옷을 입는 방식도 개선될 여지가 충분히 있었다.

"이 부족은 옷을 거의 입지 않기 때문에 이곳 사람들의 피부색은 유럽 사람들의 피부색보다는 좀 더 어두웠다. 유럽 사람들이 보기에 이곳 사람들의 피부색은 좀 더 상냥하고 자연스러운 색이었다. 백인 남성이 타히티 사람 옆에서 목욕을 하는 것을 지켜보고 있노라면, 그것은 마치 꼭 햇빛이 드는 야외에서 자란 식물과 정원사가 기술로 표백시킨 식물을 함께 보고 있는 것 같았다."

– 다윈의 일지, 1835년 11월 15일



## 악의 모든 것

타이티 섬은 다윈과 피츠로이가 티에라 델 푸에고로부터 얻은 결론을 다시 한 번 생각하게끔 했다. 그들은 타히티 섬의 사람들이 착하고 친절하며 그들을 환대한다는 것을 알았다. 피츠로이는 타히티 섬을 보고 "나는 지금껏 이렇게 질서정연하고, 조용하며, 악의 없는 사회는 본적이 없다."고 이야기 했다. 몇 주 후, 비글호는 고단한 항해를 한 끝에 뉴질랜드에 도달했다. 다윈은 타히티 섬과 정반대되는 풍경에 경악했다. 타히티 섬의 사람들은 비록 야만인이었지만 비글호의 선원들보다도 더 바르게 행동했다. 그러나 뉴질랜드의 사람들은 백인이었지만 그들의 행동은 다윈에게

*"여왕은 상당히 체격이 큰 여성이었다. 그녀는 예쁘지 않았고, 우아하지도, 기품이 있지도 않았다. 그러나 그녀는 이곳에서 예절을 아는 유일한 사람으로 보였다. 그녀는 대부분의 사람들이 기분이 나쁠 상황에서도 과장된 표현을 하지 않았다."*

— 다윈의 일지, 1835년 11월 25일

파이히아의 예배당. 이곳에서 다윈은 '따분한' 크리스마스를 보냈다.

역겨울 정도였다. 뉴질랜드는 유럽의 방식과 똑같이 "상위계급"의 대표자에 의해서 다스려지고 있었지만, 코로랄리카 마을의 사람들은 유럽의 사람들과 매우 달랐다. 다윈은 이 지역이 함축하는 의미에 좌절했다. 어떻게 기독교 문화가 "우수한" 유럽 사람들을 망가트릴 수 있는가? 어떻게 "야만인"인 타이티 사람들이 더 문명화된 생활양식을 가지고 있는가? 왜 대부분의 사람들이 기독교 신앙을 가지고 있음에도 일부 마오리 사람들은 여전히 이교도를 믿는가? 크리스마스에 다윈은 파이히아에서 열린 두 가지 언어로 진행되는 예배에 참석했다. 다윈은 이 집회에 참가한 사람들 중 절반은 예배가 진행되는 내내 "지루해했다"고 조심스럽게 이야기 했다. 다윈은 자신의 일지에 그가 비글호에서 보냈던 지난 크리스마스들을 상기했다. 처음에는 플리머스에서, 두 번째에는 케이프 혼에서 세 번째는 파타고니아에서 네 번째는 트레스몬테스에서 크리스마스를 보냈다. "5번"의 크리스마스면 충분했다. 다윈은 6번째 크리스마스는 영국에서 보내기를 간절히 빌었다.

*"이곳에는 사려 깊은 원주민뿐만 아니라 영국에서 건너온 사람들도 많이 있었다. —영국에서 건너온 사람들은 질이 나쁜 경우가 많았다. 그들 중에는 뉴사우스웨일스에서 유죄를 선고 받고 도망 온 사람도 있었다. 여기저기에 술집이 굉장히 많았으며, 모든 사람들이 취해있었고, 온갖 범죄가 저질러지고 있었다. 이곳 선교사들은 그다지 존경받지 못했다. 선교사들은 이곳 원주민들보다 영국에서 건너온 사람들에 대해 불평을 했다. 이상하게 들리겠지만, 이곳의 선교사들이 영국에서 건너온 사람들로부터 보호받기 위해 의지할 수 있는 사람은 이곳 원주민의 족장뿐이라고 한다."*

— 다윈의 일지, 1835년 12월 22일

# 오스트레일리아

1836년 1월 12일에 시드니에 도착하고 나서, 자칭 영국의 신사인 다윈은 과거에 죄수였던 사람들이 만들어낸 풍경을 보고 불안해졌다. 다윈은 오스트레일리아 땅 자체는 문명화된 사회가 생기기에 적합한 도시라고 생각했지만, 이곳 사람들이 자신의 천한 출신을 극복할 수 있을지는 의심스러웠다. 다윈은 대륙 내부로 들어와서 이곳의 동물상과 식물상을 보고 감탄했다. 그러나 이곳의 생태계가 유럽의 영향에 잘 버텨낼 수 있을지가 걱정스러웠다.

16) 타조와 비슷하게 생긴 오스트레일리아의 날지 못하는 새

사람이 살지 않는 섬들과 바다 위만 몇 달 동안 헤매고 나서야 비글호는 시드니에 도착했다. 오랜만에 만난 육지였기 때문에 다윈은 시드니에 더 깊은 인상을 받았다. 그는 그녀의 누이인 수잔에게 "고대의 로마 제국의 웅대함은 그들의 후손에게 부끄럽게 여겨진 적이 없었다."라고 편지를 썼다.

다윈은 오스트레일리아에서 과거의 관습과 새로운 세상이 갈등을 겪고 있는 것을 보았다. 1790년대에 다윈의 할아버지였던 에라스무스 다윈은 시를 써서 시드니를 찬양했다.

여기에 광활한 하늘을 탐험할 미래의 뉴튼이 있네.
여기에 성직자들의 미래가 있고, 웨지우드 일가의 미래가 있네.

그러나 정작 웨지우드의 일가에 속하는 사람인 다윈은 시드니에 책이 별로 없고, "대부분의 사람들이 부랑자이거나 악당인" 것을 보고 이곳에 대해 그다지 좋은 인상을 받지는 않았다.

죄를 지은 노동자들이 오스트레일리아로 도망 오곤 했다. 다윈은 새로 깐 아스팔트길을 따라 안쪽의 베서스트로 여행을 떠났다. 그리고 다윈은 양 목장의 노동자들을 보았다. 다윈은 그들을 보고 "아프리카에서 도망친 노예처럼, 안 좋은 품행이 굳어진 40명의 남성들. 그러나 그들은 동정심을 요구하지는 않았다."라는 기록을 남겼다. 다윈은 오스트레일리아 사람들

"몇 년 전만 해도, 이곳 오스트레일리아에는 야생동물이 풍부했다.
그렇지만 지금은 에뮤16)가 멀리 쫓겨났고 캥거루는 숫자가 줄어들고 있다.
영국산 그레이하운드는 에뮤와 캥거루 모두에게 큰 피해를 입힌다.
이런 동물들 모두가 멸종하기까지는 상당한 시간이 필요할 것이다.
그러나 비극적인 운명은 이미 결정되었다."
– 다윈의 일지, 1836년 1월 18일

이 이국적인 행동을 하는 사람을 관찰하고 혼란스럽게 만드는 특성이 있다는 것을 발견했다. 이런 성격은 특히 이전에 범죄자였던 사람을 노예로 삼고 있거나, 아이들이 미심쩍은 유모로부터 안 좋은 습관과 언어를 배울 가능성이 높은 지역에서 더욱 심했다.

그러나 이러한 상황 속에서도 다윈은 "이 나라에 사는 신기한 동물들"을 보며 즐거워했다. 그는 앵무새와 독사를 보며 감탄했고 커다란 캥거루를 보고 싶어 했다. 그는 오리너구리가 물쥐처럼 개울에서 잠수하는 것을 보았고 부리가 단단하게 굳어버린 죽은 오리너구리를 손에 넣었을 때는

매우 안타까워했다. 다윈이 사냥 여행을 통해 얻은 것이라고는 쥐캥거루 한 마리뿐이었다. 다윈은 유럽식의 사냥방식으로는 이 지방의 동물들을 사냥할 수 없다는 사실을 깨달았다.

다윈이 오스트레일리아의 미래에 대해서 예언을 한 것은 이곳에 사는 동물들을 근거로 한 것이 아니라 이곳의 지리학과 지질학을 근거로 한 것이었다. 다윈은 오스트레일리아가 새로운 아메리카가 될 것이라고 믿었다. 그는 연안의 파라다이스가 얼마나 빨리 목초지와 사막으로 변해 가는지를 직접 보았다. 다윈은 이곳의 석탄 매장량을 보고 오스트레일리아의 미래는 생산하는데 한계가 있는 모직물이나 고래 기름이 아니라 제조업에 달렸다고 생각했다. 그는 오스트레일리아를 평가할 때 원주민들을 고려하지는 않았다. 다윈은 1실링에 창던지기를 힘껏 보여주는 원주민을 만났다. 다윈은 새로운 기술과 새로운 삶의 방식이 자신들에게 가져올 결과를 알지 못한 채 자신의 영토에 들어온 이방인들을 반갑게 맞이해주는 원주민의 친절함을 보고 슬퍼지기까지 했다.

## 호바트에서

비글호는 반 디멘의 땅(태즈메이니아)에 정박했다. 다윈은 이곳에서 지질학적인 관찰을 많이 하였다. 당시를 회상하여 다윈은 심지어 중심도시인 시드니가 아닌 이곳 태즈메이니아로 이민을 올까 고려해보기도 했다. "나는 이곳이 즐거운 삶의 터전이 될 것이라고 생각한다. 이곳은 돈 많은 죄인들도 없고, 두 세력의 지배층이 있을 때 필연적으로 찾아오는 의견 충돌도 없다." 그러나 다윈은 태즈메이니아 사람들 대부분이 1833년에 한 외딴 섬의 거주구역으로 강제로 몰아넣어지는 것을 보고 풀이 죽었다. 다윈은 다음과 같이 기록을 남겼다. "나는 내가 호바트에서 들었던 것에 두려움을 느꼈다. 그들은 안심하며 살고 있지 않았다. 그들 중 몇몇은 태즈메이니아 사람들이 곧 멸종할 것이라고 생각했다."

**"어리석은 원주민들이 하찮은 것에 눈이 멀어 이 땅을 자신들의 자손에게 물려주고 싶어 하는 백인들과 교역을 한다."**

– 다윈의 일지, 1836년 1월 19일

**오리너구리와 캥거루쥐**
오스트레일리아에서만 서식하는 이 두 종은 다윈의 상상력에 불을 지폈다.

## 해리엇 거북이

오스트레일리아에서 서식했던 해리엇은 다윈보다 장수하였다. 해리엇은 갈라파고스 거북이들의 조상이라고 생각되는데, 비글호의 선원이었던 존 클리멘트 위컴이 해리엇을 포획했다. 위컴은 해군을 떠나 오스트레일리아의 치안 판사로 머무르다가 프랑스에서 은퇴하였다. 위컴은 브리즈번 식물원에 세 마리의 거북이를 기증하였다. 해리엇은 1960년대에 암컷이라는 것이 제대로 밝혀졌고(암컷인 것이 밝혀지기 전에는 해리라고 불렸다.), 세 거북이 중에 가장 오래 살았으며, 2006년에 175살의 나이로 죽었다.

# 본국으로 향하는 길

크로노미터[17] 측정을 위해 시간을 조금 쓰긴 했지만, 비글호는 상당히 빠르게 영국으로 되돌아오고 있었다. 그렇지만 향수병에 걸린 다윈에게는 크로노미터 측정을 하는 비글호가 굉장히 지체하는 것처럼 느껴졌다. 다윈은 자신의 누이인 수잔에게 편지를 썼다. "왜 이렇게 왔다갔다하는 건지 모르겠어. 마지막에 날 이렇게 또 한 번 괴롭히는구나. 나는 이제 바다와 배를 보는 게 진저리가 나. 정말 싫어"

17) 천문항해술에 사용하는 정밀도가 높은 항해시계

18) 다윈은 산호섬이 거초 → 보초 → 환초로 발달한다고 주장했다. 거초는 해안선과 접하여 산호가 자라고 있는 것을 의미하고, 보초는 산호초가 해안선과 약간 떨어진 곳에 분포하고 섬과 산호초 사이에 석호가 있는 것을 의미하며 환초는 중간의 육지가 가라앉아 없는 상태에서 원형 고리 모양의 산호초만 있는 것을 의미한다. 다윈이 주장한 산호섬의 발달 과정은 오늘날까지 널리 지지된다.

비글호는 오스트레일리아의 아래쪽에서 킬링 군도를 거쳐 인도양의 모리셔스, 그리고 희망봉을 지난 뒤 영국으로 되돌아왔다. 다윈은 집으로 하루빨리 되돌아가는 것을 간절히 바랐지만 피츠로이는 브라질에 들러서 크로노미터 계산을 다시 확인해 보고자 했다.

그래도 브라질에 들리게 되는 바람에 다윈과 피츠로이 모두 과학적 탐구를 할 시간을 좀 더 얻을 수 있었다. 킬링 군도는 중심의 석호[19]를 둘러싸고 있는 산호들로 구성되어 있었다. 그런데 이 산호들 주변에는 육지가 없었다. 산호는 수면 가까이에만 서식할 수 있는데, 어떻게 해저가 이처럼 높이 솟아 있을 수 있는 것일까?

피츠로이는 이 산호초들이 생성되기 시작한 곳에서부터 얼마나 뻗어 나와 있는지를 알아내라는 명령을 내렸다. 피츠로이는 비글호를 해변에서 1.6킬로미터쯤 떨어진 곳에 세우고 물 속에 추를 떨어트렸다. 그는 로프를 2100미터를 내렸지만 결국은 바닥까지의 길이를 측정하지 못했다.

다윈은 굉장히 흥분했다. 피츠로이의 측량은 이 암초가 해저산의 꼭대기에 있다는 것을 확인해 주었다. 다윈은 그가 이번 여행을 통해 얻은 여러 단서 조각들을 끼워 맞출 수 있었다. 칠레에서 알아낸 지표가 움직인다는 사실과 암초가 남쪽 바다의 표면 가까이에 놓여있다는 사실이 그 단서들이었다. 다윈은 이 산호초들이 해저산의 꼭대기에서 만들어진 것이거나 오래 전부터 가라앉고 있는 섬의 가장자리 부분일 것이라고 가정하였다. 그러나 이 섬은 산호가 자라나는 것보다 빨리 가라앉지는 않았다. 그렇기 때문에 산호들은 아직도 표면 가까이에 있었다.

> "따라서 우리가 오랜 기간의 시간을 두고 서서히 가라앉는 섬을 생각해보면, 이 섬의 산호들은 계속해서 보초[18]로부터 올라오며 상승할 것이다. 기반을 두는 육지가 바다 밑으로 가라앉아서 사라져 버리더라도 산호는 이미 원형의 성벽을 완성한 후일 것이다."

– 다윈의 일지, 1836년 4월 12일



## 귀중하고도 터무니없는 생각

비글호가 마지막으로 들른 곳 중 하나는 세인트 헬레나 섬이다. 나폴레옹은 1815년에 이곳으로 유배되었다. 다윈은 나폴레옹의 무덤에서 "엎어지면 코 닿을 만큼 가까운 곳"에 머물렀다. 그러나 다윈은 작은 하사(나폴레옹의 별명)가 마지막으로 살았고 낙서로 도배가 되어 있는 롱우드 하우스에는 별로 관심이 없었다. 대신에 그는 화산암을 조사했고, 이전에 채집해 둔 식물들을 분류하면서 시간을 보냈다. 다윈은 몇몇 식물들이 거의 자신만큼이나 먼 거리를

"영국의 식물 중 상당수가 영국에서보다 여기서 더 번성하고 있는 것처럼
보인다. 오스트레일리아에서 온 식물들도 몇몇은 훌륭히 자라고 있다.
오스트레일리아에서 온 식물들 중 번식에 성공한 것들은 이 지역 고유종이 많이
번식하고 있는 높고 가파른 산의 산마루에서만 서식한다."    – 다윈의 일지, 1836년 7월 13일

영국의 화가인 로버트 하벨이 19세
기 초에 세인트 헬레나 섬을 그렸다.

여행 왔다는 사실을 알아차렸다.

　브라질을 다시 방문하는 것이 썩 내키지는 않았으나 다윈은 브라질의
숲을 다시 한 번 관찰했다. 그리고는 5년간의 이 놀라운 기회에 대해서 다
시 한 번 생각했다. 다윈은 대서양에서 관찰한 여러 사실들을 통해서 대단
한 발견은 먼 곳에서 이루어지는 것이 아니며, 어디를 관찰해야 할지를 안
다면 가까운 곳에서도 충분히 이루어질 수 있다고 결론을 내렸다. "자연을
경배하는 사람들이 또 다른 행성을 보고자 강하게 염원하는 것은 얼마나
멋진 일인가. 그러나 그가 자신의 본국에서 조금만 멀어져도 그는 전혀 다
른 세상을 만날 수 있을 것이다."

　날씨가 추워지고 바람이 거세어지자 다윈은 비를 기다렸다. 다윈은
정말로 자신의 여행이 이제 그만 끝나서 고국으로 돌아가기를 간절히 바
랐다. 그의 남은 삶 동안 다윈은 다시는 영국 땅을 벗어나지 않았다.

세인트 헬레나 섬의 나폴레옹의
유적은 다윈의 숙소와 가까운
곳에 있었다.

19) 사구(砂丘), 사주(砂洲), 삼감주(三角洲)
　　등에 의해 바깥 바다와 분리되어 생긴 호수

"사람들은 항상 열대지방의 맑은 하늘에 대해서 이야기하는 것을 좋아해.
이건 정말 당치도 않은 소리야. 항상 웃기만 하는 사람을 누가 좋아하겠어?
영국은 그렇게 무미건조한 아름다움을 지니고 있지 않아. 영국 하늘은 흐리기도 하고, 비가
오기도 하고, 맑기도 해. 영국 하늘은 항상 바뀌어. 나는 세상을 둘러보고 싶어 하는 건
어리석은 짓이라고 확신해. 조용히 한 곳에 머무를 때, 세상이 네 곁으로 올 거야."

– 케롤라인에게 보낸 편지, 1836년 7월 18일

# CHAPTER FOUR

# 관찰과 분류

# 영국 전체가 변한 것처럼 보인다

다윈은 영국으로 돌아왔을 때, 다윈은 자신이 보낸 편지들 덕분에 학계에서 어느 정도 인정받고 있었다. 그는 여전히 교구목사가 되는 것에 관심을 가지고 있었지만, 곧 런던에서 자연사 연구를 하는 것에 전념해야겠다고 생각하게 되었다. 그에게 런던이 "더러운 도심지"인 것은 중요하지 않았다.

비글호의 마지막 임무는 템즈 강에서 마지막 크로노미터를 읽는 것이었다. 이로 인해 나머지 크로노미터들도 계산될 수 있을 것이었다. 그러나 다윈은 더 이상 기다릴 수가 없었다. 그래서 다윈은 팰머스(영국 잉글랜드 서남부의 항구 도시)의 해변으로 갔다. 다윈은 대형 버스들을 연속적으로 갈아타며 영국의 시골지역을 지나쳤다. 이틀 후인 1836년 10월 4일 늦은 저녁에 드디어 꿈에 그리던 마운트로 되돌아왔다. 가족들이 잠들어 있을 때 집에 도착했기 때문에, 다음날 아침상에 앉아 있는 다윈을 보았을 때 그의 가족들은 굉장히 놀랐다. 다윈의 누이인 캐롤라인은 그가 굉장히 야위었다고 생각했고, 다윈의 아버지는 다윈의 두상이 상당히 바뀌었다고 생각했다. 어찌됐든, 다윈의 누이들은 다윈을 다시 한가로운 시골의 삶과 교구목사가 될 다윈에게 적합한 사교모임으로 끌어들이려고 애썼다. 그러나 다윈은 곧 캠브리지 대학이 있는 런던으로 도망갔다. 1830년대의 런던은 큰 변화를 겪었다. 그 동안 칠흑같이 어두운 정글에

> "지난 달까지가 비글호의 항해 일정 중에서 가장 바빴던 시기였던 것 같아. 바쁘긴 했어도 평온한 나날이었지. 난 미리와서 비글호가 도착하기를 기다렸어. 내가 비글호에서 내 짐을 모두 내리고 그 동안 모은 샘플들을 캠브리지로 모두 보낸 순간 드디어 나는 자유의 몸이 된 거야."
>
> −1836년 11월 6일 W. D. 폭스에게 보낸 편지

서 밤을 보내던 다윈은 수천 개의 가스불 덕분에 밝게 빛나는 도시를 보고 놀랐다. 인부들은 영국의 교외에도 철도를 놓고 있었고 거대한 빌딩들이 덜걱거리는 소리가 날마다 런던 하늘을 채웠다. 이러한 변화 중에는 좋지 않은 점도 있었다. 정부의 정책은 토마스 로버트 맬서스가 경고했던 대로 치닫고 있었던 것이다. 맬서스는 사람들의 자선행위가 최하층을 계속 생산해내는 역효과를 낼 수 있다고 경고 했었다. "인구의 힘은 지구가 사람을 위해 자원을 생산해내는 힘보다 강력하다. 그렇기 때문에 조기 사망은 어떤 식으로든 필요하다. 그렇지 않으면 다른 무언가가 인류에게 닥칠 것이다. 인류의 악행들은 활동적이며 인구를 감소시킬 수 있다. 인류의 악행들은 파괴의 군대의 선도자들이다. 그리고 인류의 악행은 종종 인류 스스로를 끔찍하게 끝내버리기도 한다."

1837년부터 출산과 결혼 그리고 죽음을 등록하는 방식에 대한 새로운 주장이 나왔으며 정부의 정책은 교외에서 시

**런던의 서인도항**
R. 갈랜드가 찍은 사진에 F.W. 토팜이 글을 새김.

*London, West India Dock, 1837.*

내로 들어오는 빈털터리들과 노숙자에 대해 호의적이었다. 1834년에 빈곤한 사람들을 도와주기 위한 법의 개선 운동이 있었을 때는 일자리를 찾지 못한 사람들에게 집을 할당해 주기도 하였다. 다윈이 되돌아온 지 2년이 채 지나지 않았을 때, 찰스 디킨스는 가난한 이들이 살아가는 이런 환경에 대항하는 의미로 올리버 트위스트를 집필하기도 하였다.

지구의 인구가 계속 늘어나면 무서운 일이 생길 것이라고 예언한 토마스 맬서스

찰스 라이엘
지질학의 원리를 집필한 저자

## 옥스퍼드, 브리지 대학 교수회

　다윈이 비글호를 타고 영국을 떠난 동안, 헨스로우는 다윈의 편지들을 모아 소책자로 발간하였다. 그리고 이 책들은 다윈의 이름을 학계에 알리게 되었다. 다윈은 캠브리지 철학회에서 그가 남아메리카의 말도나도의 모래에서 발견한 유리질 물질의 깨지기 쉬운 관의 조각을 발견한 것에 대해 발표했다. 다윈은 이것이 과거에 벼락이 떨어진 자리의 모래가 에너지 때문에 녹아 유리로 변화된 것의 잔여물이라고 생각했다. 얼마 지나지 않아 다윈은 지질학 학회에서 칠레의 해안에 대한 주제로 강의를 하였다. 다윈의 이론은 광대한 땅덩어리가 서서히 떠올랐다는 것이었다. 그리고 그는 킬링 군도의 가라앉고 있는 땅덩어리에서 원형 고리 모양의 산호초가 떠오르고 있다는 의견에 대해서도 발표했다. 이 자리의 청중에는 다윈에게 이러한 영감을 줬던 찰스 라이엘도 포함되어 있었다. 이후에 라이엘은 다윈에게 "나는 당신의 수업을 듣고 나서 한동안 아무런 생각도 할 수 없었소. 가라앉고 있는 육지 위의 둥근 띠 모양의 산호초라니… 그것은 모두 맞는 말인 듯하오. 그러나 너무 자만하여 다른 사람들이 당신을 나처럼 머리가 벗겨질 때까지 믿어줄 것이라고는 생각하지 마시오. 나는 너무 열심히 일했고, 세상에 대한 고민으로 머리가 벗겨졌다오."라고 이야기 했다. 라이엘의 경고가 전혀 근거 없는 것은 아니었다. 지질학계에서는 다윈의 의견을 즉시 환영하여 받아들였지만 영국의 동물학자들과 식물학자들은 여전히 그를 아마추어 수집가로 여겼다. 단순히 각종 생물의 표본들을 이곳으로 수집해온 것으로는 그를 학자로 인정하기에 부족했다. 그 생물 표본들은 분류되어 있지 않았고 분석되어 있지도 않았기 때문에 그것들은 학자들에게 의미가 없었다. 그리고 다윈은 그가 비글호에서 6년을 보내면서 수집해온 갈라파고스 제도의 생물 표본들이 전혀 분류되지 않은 나무 박스 그대로 대영박물관에 놓여있는 것을 보고 격분했다.

– W.D. 폭스에게 쓴 편지(날짜는 알려지지 않음)

# 화석 기록들

다윈은 찰스 라이엘과 친해졌고, 라이엘은 다윈에게 어린 동물학자인 리차드 오웬을 소개시켜 주었다. 오웬은 왕립 외과 대학교에 다윈이 발견한 것을 샅샅이 살펴보아야 한다고 제안한 인물이다. 학명을 잘못 붙였다며 다윈에게 망신을 주었던 학회 사람들과 달리 오웬은 다윈의 열렬한 추종자였다. 특히 그는 다윈이 남아메리카에서 가져온 화석에 관심이 많았다.

여기저기서 다윈의 미숙함이 보였다. 몇몇 화석들은 이 나무 상자, 저 나무 상자에 흩어져 있었고 화석의 몇몇 부위는 사라져버려서 공개하기까지 몇 주나 걸렸다. 그러나 다행히도 오웬은 화석을 가지고 하는 이런 퍼즐에 익숙했고, 다윈을 격려해주기도 했다.

다윈이 그의 누이인 캐롤라인에게 다음과 같은 편지를 보냈다. "이들 중 몇몇은 정말 대단한 보물이 될 거야. 내가 거의 모든 뼈를 다 가지고 있는 한 동물은 뼈를 조합해보면 개미핥기와 유사해. 그렇지만 이건 엄청나게 작은 크기의 말(馬)이지." 다윈이 파타고니아의 푼타 알타에서 세 시간에 걸쳐 발굴해낸 거대한 두개골은 더 대단했다. 다윈은 그것이 코뿔소의 두개골이라고 생각했지만 오웬은 그것이 거대한 설치류의 두개골이라고 말했다.

오웬의 열정은 다윈에게 큰 도움을

리차드 오웬
1804~92



글립토돈 *Glyptodon*

20) 신생대 4기 플라이스토세에 서식했던 거대한 나무늘보

주었다. 오웬은 다윈의 메가테리움[20]은 이미 유럽의 학자들에게 알려져 있는 것이긴 하지만 다윈의 표본이 이전에는 알지 못했던 것들, 예를 들면 이 동물이 턱을 어떻게 움직였는지 등을 알게 해줄 것이라고 설명해주었다. 그러나 이것은 놀라운 발견 중 하나에 지나지 않았다. 다윈은 딱딱한 판들이 메가테리움의 신체의 일부분일 것이라고 생각했다. 그러나 오웬은 다윈이 이전에 전혀 알려져 있지 않았던 생물을 발견한 것이라고 말해주었다. 이 갑옷역할을 하는 판들을 가지고 있을 것이라고 생각하였다. 다윈은 이 거대한 아르마



– 캐롤라인 다윈에게 쓴 편지, 1836. 11월 9일

딜로[21]를 글립토돈이라고 이름 붙였다. 몇 년 간 나무 상자 안에 들어있던 다윈의 화석들은 톡소돈이라 불리는 하마 같이 생긴 동물과 새로운 빈치목인 스켈리도테리움, 그리고 잠시 동안 낙타인지 야마인지 헷갈렸으나 결국은 거대한 야마로 밝혀진 마크라우케니아를 포함하고 있었다. 이런 동물학적 발견에 다윈의 로마식 이름을 사용했건 그렇지 않았건 간에 다윈의 이름은 이 생물체들과 영원히 함께 하게 되었다.

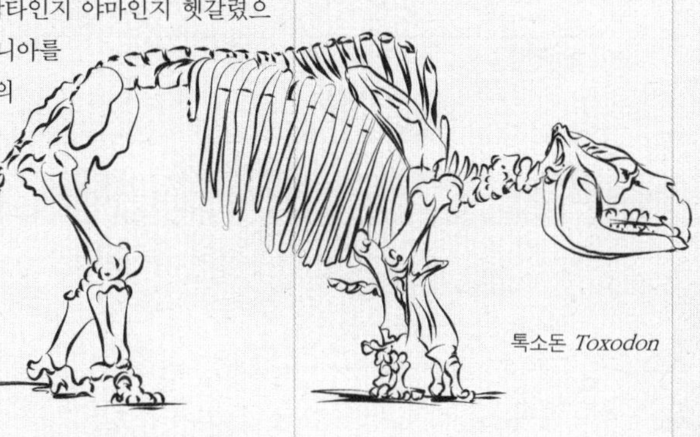

톡소돈 *Toxodon*

## 트라팔가르 광장의 호랑이들

다윈과 오웬은 모두 그들이 본 것이 "자연의 법칙"이라는 것에 동의했다. 이 거대한 생물의 화석은 그 생물들과 모양은 비슷하지만 훨씬 작은 몸을 지닌 생물들이 살아가는 땅을 파내었을 때 발견되었다. 다윈은 파타고니아 지방에서 현대의 작은 아르마딜로를 먹었다. 그리고 다윈은 자신이 먹은 것이 지금은 멸종되어 없는 거대한 생물의 사촌뻘이라는 증거를 맞닥뜨리자(자신이 먹은 아르마딜로의 뼈를 보자) 당황했다. 물론 성경에 맞는 대답은 이런 거대 생물체들이 대홍수에 노아의 방주를 타지 못했다는 것이다. 그러나 이미 지질학자들은 대홍수와 같이 거대한 홍수가 있었다는 증거가 부족하다고 단언했다. 다윈의 화석들은 신성한 홍수로 인해 죽은 것이 아닌 것처럼 보였다.

오웬은 남아메리카에는 "계속 같은 종류의 생물"이 있었다고 주장했다. 그는 "단지 예전에는 크기가 큰 아르마딜로가 있었던 것이고 지금은 난장이처럼 작은 아르마딜로가 있는 것이다. 그들은 같은 종류의 생물체다."라고 주장했다. 다윈과 오웬은 오랜 시간 동안 이 증거들을 가지고 논쟁을 했다. 다윈이 얼마나 오웬을 자주 찾아갔던지 한번은 오웬의 부인이 다윈에게 "오늘도 변함없이 차를 마시고 근육섬유 이야기를 한 후에 화방에 있는 현미경으로 가시겠지요." 라고 짓궂게 이야기하기도 했다.

> "자연사를 연구하기에 모든 지역이 적합한 것은 아니라서 슬프다. 더러운 안개로 덮여있어서 다른 사람들은 눈길도 주지 않는 이 도시가 자연을 관찰하기에는 가장 좋은 도시라니."
>
> – W. D. 폭스에게 보낸 편지, 1837년 3월 12일

다윈의 화석이 대중에게 공개된 지 얼마 지나지 않아서 트라팔가르 광장에서 런던의 랜드마크를 배치하는 노동자들이 놀라운 발견을 하였다. 그 장소에는 호랑이와 코끼리와 코뿔소의 화석들이 남아있었다. 이 화석들은 런던이 과거에는 지금의 도시와 전혀 다른 기후에서 지금과 전혀 다른 동물들이 살고 있었다는 사실을 보여주었다. 다윈은 자신이 박물학자로서 이름을 남기고 싶다면 런던에서 계속 살아야 한다고 확신했다.

21) 빈치목의 동물. 나무늘보가 빈치목에 속한다.

# 다윈의 핀치새들

다윈이 갈라파고스 섬에서 발견한 12종의 핀치새가 다윈의 진화론에 핵심적인 역할을 하였다. 그러나 갈라파고스 섬에서 핀치새의 표본을 수집할 당시에, 다윈은 일부 핀치새들을 찌르레기, 콩새, 굴뚝새로 잘못 동정[22]하였다. 게다가, 다윈이 이 새들의 중요성을 깨달은 것은 영국으로 돌아온 이후이다.

22) 동정이란 생물의 실체를 확인하는 작업으로 대상 생물 또는 표본이 속한 분류군을 찾아가는 과정이다.

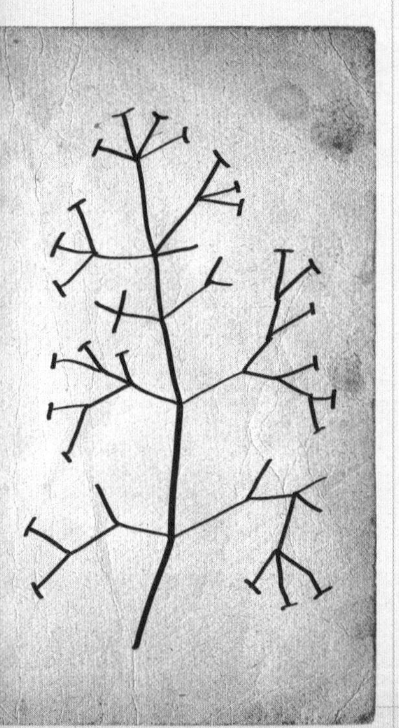

유럽인들이 포유류를 들여오기 전에는, 남미의 본토와 격리되어 있는 갈라파고스 군도에는 포유류가 전혀 없었다. 포유류가 없는 대신에 이 군도에는 굉장히 많은 종류의 새들과 파충류들이 서식하고 있었다. 이곳에 서식하는 것으로 잘 알려진 파충류에는 육지거북, 육지 이구아나, 바다 이구아나 등이 있다. 그러나 다윈이 1835년에 갈라파고스 군도를 방문했을 때, 다윈의 눈을 사로잡은 것은 공룡과 먼 친척뻘인 파충류들이 아니라, 새들이었다. 다윈이 특히 관심을 가진 새들은 흉내지빠귀들 그리고 작고 구별이 잘 안 되는 흐린 갈색과 검은색 새들이었다. 사실, 다윈은 처음에 이들을 제대로 동정하지 못했다.

## 잘못 동정한 예

1836년 가을에 다윈은 영국으로 돌아오고 나서, 그가 수집한 생물의 표본들을 열심히 조직화하고 연구하였다. 그는 12월에 그의 모교인 캠브리지로 돌아온 후, 자신의 연구를 지질학에 관련된 것과 자연 과학에 관련된 것으로 나누었다. 다윈은 1837년 1월 4일에 비글호를 타고 다닌 기간 동안에 이루어진 지질학적 연구와 포유류와 조류에 대한 연구를 함께 발표하였다. 다윈은 1837년 1월 4일에 그가 만든 흉내지빠귀와 핀치들과 같은 조류 표본들을 영국 조류학계의 리더인 존 굴드에게 보여주었다. 굴드는 다윈의 표본을 보자마자 다윈이 핀치새, 찌르레기, 굴뚝새, 콩새 등으로 동정한 모든 새들이 사실은 전부 핀치새의 일종이라는 것을 알아차렸다. 다윈이 가지고 온 것은 12종의 핀치새들이었다.

불행하게도 다윈은 각각의 종들을 어떤 곳에서 수집했었는지를 정확히 기록해두지 않았었다. 그렇지만 이 종들을 수집한 다른 사람들, 예를 들면 피츠로이 같은 사람들은 자신이 어떤 곳에서 어떤 생물을 수집하였는지를 자세히 기록해 두었었다.

## "내 생각에는…"

다윈은 핀치새들 그리고 그 밖의 다른 새들과 포유류들로부터 얻은 증거를 보고 난 후, 이들에 대한 생각을 끊임없이 하였고, 마침내 자연선택에 의한 진화론까지 생각이 이르게 되었다. 그는 이때부터 자신의 노트를 써 내려간다. 그는 우선 세권의 노트를 쓰기 시작하였는데, 한 권은 지질학을 위한 노트였고, 또 한 권은 동물학을 위한 노트였으며, 나머지 한 권은 종의 "변이"에 대한 가정을 적어 내려가는 노트였다. 1836년 7월에 그는 비밀리에 진화 나무의 밑그림을 그렸다. 그리곤 진화 나무 옆에 "내 생각에는…"이라는 글귀를 남겼다.

"한 새 집단의 부리 형태가 이처럼 완벽히 점진적으로 변화하는 형태를 띠는 것은 놀라운 일이다."

## 핀치의 부리는 무엇을 의미할까?

다윈의 핀치새들은 왜 그렇게 특별할까? 사실, 다윈의 핀치새들은 전혀 특별하지 않게 생겼다. 새들은 10cm~20cm의 크기이고, 흐린 갈색이거나 검은색이다. 다윈의 핀치새들은 4종류의 속에 속한다. 각각의 속명은 Geospiza, Camarhynchus, Certhidea, 그리고 Pinaroloxias이다. 이들 각각의 속은 행동도, 지저귀는 방식도 다르다. 하지만 속을 나누는 가장 큰 기준은 부리이다. 굴드가 이들이 전부 핀치새라는 것을 알려 주고 나자, 다윈은 이 생물 표본이 가지는 중요성을 이해할 수 있었다. 다윈은 1845년 판의 비글호 항해일지에서 다음과 같은 기록을 남겼다. "정말 신기한 점은 Geospiza속에 속하는 종들의 부리 크기이다. 어떤 종의 부리는 콩새류 만큼이나 크고, 어떤 종의 부리는 검은방울새류 만큼이나 작다…. 자그마치 6종의 부리가 아주 작은 단계적 차이를 보인다…. 이 작은 새들에게서 보이는 구조의 다양성과 단계적 차이를 보면, 이들이 혹시 하나의 새에서부터 다른 모습으로 변형되어 간 것이 아닐까?…하는 생각이 든다."

*Geospiza magnirostris*

*Geospiza fortis*

*Geospiza parvula*

*Certhidea olivacea*

다윈은 영국으로 돌아온 후에 이 두 종류의 "갈라파고스" 핀치새가 사실상 제임스 섬에만 서식한다는 것을 알았다. 다른 섬에서는 다른 품종의 핀치새가 서식하고 있었다.

# 동물 관찰하기

다윈은 계속해서 여행에 대한 글들을 썼으며, 비글호의 항해에 대한 책 세 권 중 한 권도 맡아서 저술했다(나머지 두 권은 피츠로이와 피츠로이의 전임자인 킹이 저술했다). 다윈이 예상했던 대로, 가까운 세상인 영국이 다윈에게 가져다준 탐구 거리들은 멀리 떨어져 있는 세상이 가져다주는 것보다 결코 적지 않았다.

> *"오랑우탄은 분명히 사육사가 하는 말을 모두 이해하고 낑낑거리는 소리를 내는 것을 멈췄다. 그러고는 사육사에게서 사과를 받아 들고 팔걸이가 있는 의자로 뛰어올라 세상에서 가장 행복한 표정을 하고는 사과를 먹기 시작했다."*
>
> – 수잔 다윈에게 쓴 편지, 1838 4월 1일

다윈은 자신이 비글호를 탐험하면서 목격한 인류의 다양성에 대해 곰곰이 생각해보았다. 대개의 사람들은 유럽의 기독교 문화가 우수하다고 생각하고 있었다. 그러나 다윈은 제미 버튼이 유럽식 파티에 익숙하지 못한 것만큼이나 자신이 티에라 델 푸에고의 황야에 적응하지 못했었다는 것을 깨달았다. 다윈은 푸에고인들이 의심할 여지없이 사람인 것은 맞지만, 어쩌면 그들은 "문명화된" 인간보다는 동물에 더 가깝다는 생각이 들었다.

## 굉장한 행운

1838년 3월 28일 유독 따뜻했던 그날에 다윈은 동물원에 갔었다. 동물원은 굉장히 평화로웠다. 여느 때 같으면 우리 안에 있었을 동물들이, 따뜻한 햇살을 받기 위해서 우리 밖으로 나와 있었다. 다윈은 코뿔소가 근처의 코끼리를 걷어차고 다리를 들어 위협하는 것을 보았다. 코끼리는 끼익, 꽤에엑 하고 마치 부서진 트럼펫이 내는 것 같은 소리를 내며 도망쳤다.

그러나 다윈은 가장 최근에 이 동물원에 들어온 오랑우탄인 제니에 흥미를 느꼈다. 제니 이전에도 여러 오랑우탄들이 있었지만 전시될 만큼 오래 살아 남은 것은 제니가 처음이었다. 제니는 최근에 옷이 입혀진 채로 캠브리지의 공작부인에게 수여되었고 요즘에는 사육사와 함께 구경꾼들 앞에서 '완벽한' 퍼레이드를 보여주곤 했다. 사육사는 제니에게 사과를 주는 시늉만 하고 진짜로 사과를 건네주지는 않았다. 다윈이 보고 있는 동안에 "제니는 덤블링을 하기도 하고, 발로 차거나 우는 등 꼭 장난꾸러기 어린이처럼 행동했다. 몇 번 이런 동작을 반복한 뒤에 제니는 기분이 나쁜 듯 부루퉁해졌다. 그러자 사육사는 제니에게 '네가 고함지르는 것을 멈추고 착하게 굴면 진짜로 사과를 줄게'라고 말하였다." 다윈은 오랑우탄이 마치 사람의 감정과 같은 것을 느끼는 것을 보고 깊은 인상을 받았다. 그러나 다윈에게 정말로 충격적이었던 것은 제니가 정말로 사육사의 말을 알아듣는다는 점이었다. 다윈은 그의 노트에서 다음과 같은 극단적인 글을 남겼다. "사람들에게 가축화되고 있는 오랑우탄을 만나도록 하자. 사람들에게 오랑우탄의 의미가 있는 듯한 흐느낌을 듣게 하자. 사람들에게 어떤 말을 들었을 때 그 말들을 모두 알아듣는 오랑우탄의 지능을 보여주자. 사람들에게 오랑우탄이 자신이 아는 것에 대해 보이는 애착을 보여주자. 오랑우탄의 열정과 분노와, 언짢음과 극도의 절망을 보여주자."

다윈이 처음으로 오랑우탄이 사람과 같은 행동을 한다는 사실에 주목한 것은 아니다. 이 생물 이름은 말레이어로 "숲의 사람"이라는 뜻을 가지고 있다.

# 선택에 대한 의문

다윈의 생각은 다른 생물체들로 옮겨갔다. 다윈은 생물체의 특징이 세대를 지나며 변화될 수 있을지에 대해서 생각했다. 시골에서는 기본적으로 품질이 좋은 개들과 비둘기들 혹은 말들의 특성을 계속해서 유지하고자 한다. 다윈의 생각에 농부들은 이미 좋은 품종을 선택하여 교배를 하는 것이 어떤 자연적 의미를 가진다는 것을 알고 있는 것 같았다. 새를 기르는 사육사인 존 세브라이트의 팜플렛을 보고 다윈은 자신의 가설을 뒷받침할 증거를 찾을 수 있었다. 세브라이트는 "모진 겨울과 음식의 부족함은 좋은 선택을 하기 위해서 꼭 필요하다. 왜냐하면 그들은 약한 동물과 건강하지 못한 동물이 살아남지 못하도록 하기 때문이다. 춥고 황폐한 나라에서는 강한 체질을 가지지 않으면 번식이 가능한 시기까지 살아남을 수 없다. 약하고 건강하지 못한 동물은 그들의 허약함을 번식시킬 수 없다."고 말했다.

얼마 지나지 않아 1839년에 다윈은 "동물을 번식시키는 것과 관련된 의문들"이라는 설문지를 작성하여 농부들에게 돌렸다. 이 설문지는 동물 특성에 대한 21개의 질문을 포함하고 있었다. 질문들은 어떻게 동물의 특성들이 외부의 도움 없이도 지속되는지, 새롭게 도입된 특성이 시간이 흐름에 따라서 사라지는지 그렇지 않은지, 특성이 섞인 종, 즉 잡종이 얼마나 태어나는지 등에 관련된 것들이었다. 다윈은 "자유롭게 살아가는 서로 다른 종의 야생 동물들을 교배했건, 가둬둔 상태에서 서로 다른 종의 야생동물들을 교배했건, 야생동물과 가축의 교배였건 간에 모든 정보가 중요합니다."라고 설문지에 썼다. 그러나 그의 근원적인 질문은 19번째 질문이다. 19번째 질문은 다음과 같다. "새롭게 생겨났지만 현재는 영구적이 된 특성에 대해서 설명해주십시오. 네발 달린 동물의 특성이어도 좋고, 혹은 새의 특성이어도 좋습니다. 그렇지만 기존에 안정적으로 존재했던 두 종류의 특성의 단순한 중간 형태이어서는 안 됩니다." 다윈은 또한 사육사들에게 궁극적인 질문도 하였다. "단순한 선택 때문에 생긴 새로운 특성 때문에 그 동물이 완전히 새로운 종으로 보이지는 않았습니까? 신에 의해서 창조된 생물이 아닌 단순한 선택에 의해 창조된 듯한 종은 없었습니까?"

다윈은 다양한 비둘기 품종들이 하나의 공통된 조상 종의 자손이 아닐까 하고 생각했다.

"오만한 사람들은 자신들이 신에 의해 창조된 가치 있고 훌륭한 피조물이라고 생각하지만, 좀 더 겸손한 사람과 나는 우리가 동물로부터 창조되었다고 믿는다."

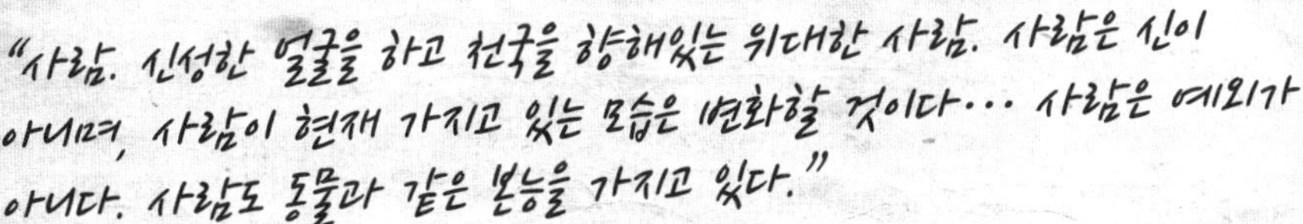

"사람. 신성한 얼굴을 하고 천국을 향해있는 위대한 사람. 사람은 신이 아니며, 사람이 현재 가지고 있는 모습은 변화할 것이다… 사람은 예외가 아니다. 사람도 동물과 같은 본능을 가지고 있다."

– 다윈의 노트

# 개보다는 낫겠지

다윈은 30살이 다가오자 결혼에 대해 생각하기 시작했다. 그는 딱정벌레를 분류할 때와 같이 냉철하게 결혼에 대해 생각했다. 다윈의 부인이 된 행운아는 다윈의 사촌인 엠마 웨지우드였다. 이것으로 조 삼촌은 이제 다윈의 장인이 되었다. 비둘기나 개들이 교배를 통해 그들의 좋은 특성을 남기듯이, 다윈과 엠마의 결혼은 가족의 재산을 온전히 보존했다.

다윈은 예전부터 결혼에 대해 생각하고 있었다. 그는 아내를 "세상의 모든 척추동물을 통 털어 가장 흥미로운 표본"이라고 생각했다. 또 그는 "내가 누군가와 함께하게 될지, 그리고 그녀를 먹여 살릴 수 있을지는 신만이 알 수 있다."고 말하기도 했다. 반쯤은 장난으로 파란색 종이에 자신이 신랑으로서 가진 장점 목록과 단점 목록을 적어보기도 했다.

종이에 목록을 만들고 나니, 다윈은 좋은 신랑감은 아니었다. 다윈은 "소파에 앉아있는 예쁘고 착한 신부"와 그가 결혼을 하고 나면 할 수 없을 다른 모든 것들(프랑스어 배우기, 유럽 여행하기, 미국 여행하기, 열기구 타보기, 혼자서 웨일스 가보기)과 비교해 보기도 했다.

다윈은 자기 자신에게 다음과 같은 글을 남기기도 했다. "불쌍한 노예 같으니. 결혼하고 나면 넌 흑인보다 나을 게 없을 거다." 그러나 그는 언제까지나 결혼을 하지 않고 "외롭고, 아이도 없는 채로" 미혼으로 남을 수는 없다고 생각했다. 부주의하게도 그는 비글호에서 피츠로이와 나눴던 대화를 인용한다. "행복한 노예도 있다."

다윈은 이미 예전에 결혼을 하겠다고 답을 생각해 둔 상태였다.

## "아주 특별한 날"

다윈이 이 날을 "아주 특별한 날"이라고 부르긴 했지만, 그가 갑자기 프로포즈를 한 일요일의 결말은 상당히 실망스러웠다. 다윈의 프로포즈를 받는 엠마는 너무 놀라서 늘 하던 대로 일요 학교에 선생님을 하러 가버렸다. 오히려 "기쁨의 눈물"을 흘린 사람은 후에 두 사람이 결혼 허락을 받기 위해 찾아간 조 삼촌이었다. 후에 다윈 부인(Mrs. Darwin)이 된 엠마는 "당시에 우리 두 사람 모두 매우 울적해 보였을 것이다."라고 회고했다.

## 결혼

자손(신께서 허락하신다면)
영원한 동반자(나이가 들었을 때 좋은 친구)
다른 사람에게 사랑 받거나, 다른 사람과 놀 수 없음.
어쨌든 개보다는 낫겠지
가정. 가정을 돌볼 사람
아름다운 음악 소리와 여자들의 수다 소리
건강에 바람직하다.
~~친척들을 방문하거나 친척들이 방문하는 것에 대한 압박을 받는다.~~
그렇지만 이것은 심각한 시간 낭비이다.

# 다윈 부인

엠마 웨지우드(1808~96)는 조 삼촌의 7명의 자녀들 중 막내였다. 엠마는 사실상 다윈과 함께 자랐다. 다윈은 여전히 엠마를 칠칠치 못한 어린 이로 기억하고 있었다. 파리에서 쇼팽에게 피아노를 배웠던 엠마는 잠시 이모와 함께 제네바 근처에서 머물렀었고 다윈은 1827년에 그녀의 집에서 살았다. 당시에 엠마는 독실한 기독교 인 이었고 다윈은 자신의 종교적 회의감을 감추려고 노력했다.

다윈의 기록들이 보여주듯이 다윈의 생각들은 그 자신의 흥미와, 엠마와의 결혼을 통해 얻은 편안함에 뿌리를 두고 있다. 다윈은 아버지의 조언에도 불구하고 자신이 생각하고 있었던 것들을 엠마에게 이야기 했다. 엠마는 다윈의 생각들을 웃어넘기면서 "그는 내가 지금까지 봐왔던 사람 중에서 가장 솔직하고 투명한 사람이야. 그는 생각한 그대로 말해."라는 기록을 남겼다.

이 두 사람은 1839년 1월 28일 웨지우드 목사의 주례 아래 결혼하였다. 이들은 급히 기차를 타고 이동하여 첫날밤을 런던에서 보냈다. 다윈은 결혼을 한 당일에도 순무(채소의 일종)에 대한 생각을 노트에 급히 적었다.

1840년에 조지 리치몬드가 그린 엠마 다윈

# 독신

자손이 없다.(2번째 삶도 없다.)
나이가 들었을 때 돌봐줄 사람이 없다.
나와 가깝고 사랑스러운 친구들의 지지 없이 일하는 것이 무슨 소용이 있는가? 친척 이외에 늙은이와 가까운 관계가 되고 싶어 하는 사람이 있겠는가?
내가 좋아하는 곳 어디든 갈 수 있는 자유
내가 속하고 싶은 공동체를 택하거나 그러지 않거나
클럽에서 똑똑한 사람들과 만나 대화할 수 있다.
친척들을 만나라는 압박을 받지도 않고 별 것 아닌 일에 굽실거릴 필요도 없다.
아이를 키우는 데 드는 비용 & 아이에 대한 걱정
아마 불만이 많은 사람이 될 것이다.
허송세월이다.
저녁에 글을 읽을 수 없다.
살이 찌는 것 & 게을러지는 것
걱정 & 책임감
책 살 돈이 줄어드는 것
만약 여러 아이들이 자신의 이익을 챙기려 든다면(그렇지만 일을 너무 많이 하는 것은 건강에 좋지 않다.)
아마 내 아내는 런던을 좋아하지 않을 것이다. 그러면 시골로 유배되어야 할 것이고, 그러면 게으른 바보가 될 것이다.

결혼-결혼-결혼 증명 끝

# 조용한 전쟁

거리에서 계속되는 차티스트 운동과 다윈에게 찾아온 미지의 병은, 런던에서의 다윈의 생활을 점점 더 힘들게 만들었다. 다윈은 두 명의 자녀가 생기자 더더욱 교외로 이사를 해야 할 필요성을 느꼈다. 다윈은 허약한 다윈 자신과 자신의 어린 아들에 대한 생각을 글로 표현하기 시작했다.

1837년에 이루어진 인민 헌장의 입안은 영국전역에서 차티스트들의 저항을 불러 일으켰다. 차티스트들은 보통선거와 비밀선거, 평등선거구제를 요구했다. 차티스트들이 단순히 선거권만을 요구한 것은 아니었다. 그들은 피선거권, 즉 직접 정치를 하기 위한 조건도 변화시키기를 바랐다. 차티스트들은 재산에 의한 의원 자격 제한의 철폐, 의원에 대한 세비 지급 등도 요구했다. 차티시즘은 다윈과 같이 부모의 재산으로 정치를 할 수 있는 부유한 계급에게 큰 타격을 주었다. 다윈의 부인은 토마스 카일을 "동점심이 많고 착한 사람이지만 완전히 비논리적인 사람"이라고 생각했다. 다윈은 계속해서 카일의 글을 읽었고 또 그를 비난했다.

다윈은 사실 산호초에 대한 글을 쓸 생각이었지만 길에서 벌어지고 있던 폭력 사태를 보고 자연계에서 벌어지는 생존경쟁을 떠올리게 되었다. 다윈은 이미 농부들에게서 척박한 환경에서 갑자기 자라나는 단단하고 강한 식물에 대해서 전해들은 적이 있었다. 그런 경우에, 새롭게 자라나는 강한 특징을 지닌 식물은 예상치 못했던 부작용(열매가 너무 딱딱하다든지, 맛이 없다든지) 때문에 농부에 의해 뽑히지 않는 한 매우 번성하곤 했다. 그렇지만 약한 특징을 가진 생물은 어떤가? 좋은 방향으로 아주 조그만 변화가 일어나기 위해서는 수백 개의 안 좋은 변화들이 발생하게 되고, 안 좋은 방향으로 변화한 개체는 열매를 생산해내지 못하고 죽게 된다.

"이렇게 평화로운 숲과 들판 위에서 생물체들이 조용하지만 무시무시한 전쟁을 벌이고 있다는 사실을 믿기 어렵다."

– 변이에 관한 다윈의 노트, 1838. 9

차티스트 사상가인 토마스 카일(1795~1881)
전도사가 되는 공부를 했으나, 믿음을 잃고 정치와 사회를 비판하는 길로 들어섰다.

대도시의 경찰은 모자를 쓰고 런던에서의 차티스트 운동을 진압했다.

"서로 다른 인종의 사람들이 만나면, 그들은 정확히 서로 다른 동물들이 만난 것처럼 행동한다. 두 종의 동물들이 만나면 그들은 서로 싸우고, 서로를 잡아먹고, 서로에게 병을 옮기는 등의 행동을 한다. 그러고 나면, 가장 치열하게 싸운 개체 즉, 가장 잘 적응된 기관이나 본성(사람의 경우에는 지성)을 가진 개체가 승리하게 된다."

– 변이에 관한 다윈의 노트, 1838. 9

다윈은 세상을 "강함과 약함의 격렬한 전쟁"으로 보았다. 강함과 약함의 전쟁은 식물들 사이에서 뿐만 아니라 야생 세계의 동물들 사이에서도, 심지어는 거리에서 싸우는 사람들 사이에서도 벌어지고 있었다.

## 적자생존

다윈은 자신이 '강자'라고 생각해본 적이 없었다. 다윈은 비글호를 타고 항해하는 내내 열병과 부정맥으로 고통받았다. 그렇지만 배 안의 누구도 다윈의 병을 심각하게 생각하지는 않았다. 오히려 피츠로이 선장은 다윈을 "배멀미로 순교한 사람"이라고 비웃기도 하였다. 다윈은 육지로 돌아오고 나서 상태가 호전되었으며, 다윈은 자신이 스트레스를 받으며 과로를 할 때 심장에 강한 통증을 느끼고 속이 울렁거린다는 것을 깨닫게 되었다. 심장에 통증을 느끼거나 속이 울렁거릴 때면 다윈은 침대에 며칠이고 누워 있을 수밖에 없었다. 다윈은 그가 죽을 때까지 이 병들을 가지고 있었고 이 때문에 다윈은 자기 자신이 살아남기 위해 버둥거려야 하는 실패자라고 생각하게 되었다. 다윈의 장남인 윌리엄 에라스무스 다윈은 1839년 12월에 태어났다. 그리고 다윈은 곧 자신의 장남으로 과학적 탐구를 하기 시작했다. 오랑우탄인 제니에게 거울을 보여주었을 때의 반응을 알고 있었던 다윈은 자신의 아들에게 거울을 보여주고 그 반응을 제니의 반응과 비교해보려고 했었다. 다윈은 또한 무정하리만큼 과학적인 방법으로 "어린 짐승"의 첫 번째 감정 표현(웃는 모습에서 눈살을 찌푸린 모습까지)을 연구하여 학회에 발표하였다. 다윈 이런 연구를 그의 자녀들이 다 자랄 때까지 17년 동안이나 계속하였다. 그는 윌리엄을 실험 대상으로 삼아 "태어난 지 일주일째 되던 날, 한쪽 발로 종이를 만지더니, 마치 간지럼을 당하는 사람처럼 몸을 흔들면서 발가락을 굽혔다."와 같은 기록을 남기곤 했다. 그렇지만 그의 편지들을 보면 다윈이 자신의 아들에게 느끼는 자부심과 걱정을 볼 수 있다. 특히 아버지인 로버트 다윈이 윌리엄의 연약한 본성을 지적했을 때, 다윈은 "손자에게는 다정했던 아버지가 윌리엄이 약한 아이인 것 같다는 말씀을 하셨을 때 나는 굉장히 슬펐다."라고 기록을 남기기도 했다. 윌리엄은 몸이 약해서 특별한 음식을 먹어야만 했고, 다윈은 곧 그의 혈통에 대해서 걱정하기 시작했다. 다윈—웨지우드 일가는 약한 자손을 만들어 내는 걸까?

1842

"태어난 첫 주에, 어른들이 하듯이 하품을 하며 스트레칭을 함. – 대게 위쪽 팔 – 딸꾹질 – 재채기를 하고 훌쩍거림 – 따뜻한 손바닥을 얼굴에 대고 빨고 싶어 하는 것으로 보임. 이것은 본능적인 것이거나 혹은 가슴의 따뜻하고 부드러운 표면에 대한 지식과 관련된 것으로 보임. 울고 소리를 지르지만 눈물은 흘리지 않음."

# CHAPTER FIVE

# 다운하우스의 삶

# 다운 하우스

다윈은 도시 생활의 압박에서 벗어나기 위해서 런던의 남동쪽에 있는 작은 마을인 도네로 이사를 갔다. 다윈은 이곳에서 가족과 함께 살며 「*종의 기원에 대하여*」를 비롯한 책들을 집필했고 생을 마감했다. 현재, 다운 하우스는 영국의 문화유산이라는 단체가 관리하고 있다. 영국의 문화유산은 다운 하우스를 박물관 겸 다윈의 기념관으로써 대중에게 공개하고 있다.

1842년, 당시 런던을 휩쓸었던 시민 소요를 겪으며, 다윈은 도네로 이사를 가기로 결심했다. 다윈이 이사를 갈 당시에 도네는 런던 근교에 있는 켄트 지방의 브롬리에 포함되는 런던 중심가에서 남동쪽으로 23km 정도 떨어져 있는 조용한 마을이었다.

## 집 개조하기

다운 하우스는(마을의 이름은 도네'Downe'이고 집의 이름은 다운'Down'하우스이다.)는 1650년에 처음으로 지어져서 18세기 후반까지 확장되었다. 다윈은 이 집을 이 지역 교구 목사인 Rev. 드럼몬드에게서 £2,200를 주고 샀다. 언제나 과학자의 자세를 가지고 있었던 다윈은 이 집을 보고 "나는 흰 암석으로 이루어진 이곳에서 다양한 식물들을 볼 수 있어 기뻤다."라는 기록을 남겼다.

몇 년이 지나고 다윈은 집을 수리하고 집과 토지를 증축하였다. 1843년에 다윈은 전망을 좋게 하려고 집 전면에 내닫이창을 만들었다. 1849년에는 가로수길을 만들고 그 가로수 길에 샌드워크라는 이름을 붙였다. 다윈은 샌드워크를 "사색의 길"로 활용하였다. 1858년에는 화방을 만들고 집의 출입구를 확장했다. 1870년대까지 이런저런 공사를 계속 하면서 거실, 흡연실, 당구장, 베란다와 공부방도 만들었다.

## 다운하우스에서의 다윈의 가족

다윈이 시골로 이사를 왔을 때 다윈의 가족은 아내인 엠마, 아들인 에라스무스, 그리고 딸인 앤으로 구성되어 있었다. 엠마는 또 다시 임신을 하여 메리 엘리노어를 낳았으나 엘리노어는 안타깝게도 1842년 10월에 죽고 말았다. 1년 후에는 헨리에타(1843년 생)를 낳았고, 그 뒤에도 조지(1845년 생), 엘리자베스(1847년 생), 프란시스(1848년 생), 레오나르드(1850년 생), 호레이스(1851년 생), 그리고 찰스 워링 다윈(1856년 생)을 낳았다.



다운(Down)에 살던 주민들은 아일랜드에 있는 '다운'과 구분 짓기 위해 마을 이름에 "e"를 붙여 도네(Downe)라고 이름을 고쳤다.

"나는 내가 다운 하우스를 개조하고 이곳에 정착하리라는 확신이 든다. 이곳을 개조할 때 낭비하지 않도록 주의하는 것은 어려운 일이 될 것이다."

다운 하우스는 오늘날에도 여전히 존재한다. 그리고 다운 하우스는 다윈의 삶과 업적을 기리기 위한 박물관으로 쓰이고 있다.

"서리(영국 남부의 주) 지역과 다른 몇몇 지역을 둘러본 후에 우리는 이 집을 찾았고 구매했다…. 우리는 은퇴 후에 꽤 멋진 삶을 살 것이다."

## 학교에서 박물관으로

찰스 다윈은 1882년 4월 19일에 73세의 나이로 사망했다. 그리고 엠마는 그보다 14년을 더 살고 1896년에 사망했다. 1907년에 다운 하우스는 올리브 윌리스에게 팔렸다. 올리브 윌리스는 다운 하우스에 여학생 기숙학교를 설립했다. 이 학교는 1922년에 다른 장소로 이사를 갔다. 1927년에 의사였던 조지 벅스턴 브라운은 이 집을 사서 다윈을 기리기 위한 박물관으로 만들 것을 보장받고 영국의 과학 재단에 기부하였다. 다운 하우스는 1929년 6월 7일에 박물관으로 문을 열었다.

불행하게도 벅스턴 브라운의 기부액으로는 박물관의 운영비를 감당할 수 없었고 이 집은 1953년에 왕립 외과 대학에 기부되었다. 후에 왕립 외과 대학의 회장이 된 헨리 에킨스는 1862년에 다운 하우스를 관리하기로 하고 이곳으로 이사를 왔다. 1996년에 다운 하우스는 영국의 자선 단체인 '웰컴 트러스트'에게서 자금을 지원받은 영국의 문화유산이라는 단체에 팔렸다. 다운하우스는 자연사 박물관에 의해 모금된 자금으로 복구되었고 '문화 유산 복권 기금'에 의해 1998년 4월 대중에게 다시 공개되었다.

## 홈메이킹

다윈은 엠마가 엠마의 고향인 메이어 홀을 떠올릴 수 있도록, 그리고 그녀가 아버지의 병에 대한 생각을 떨쳐낼 수 있도록 정원에 꽃을 심기 시작했다. 다윈은 땅 어느 곳에 나무를 심을 것인지를 막대로 표시하였다. 그렇지만 다윈의 형인 에라스무스는 이곳에 대해 그다지 큰 감명을 받지는 않았다. 그리고 에라스무스는 이 장소를 "의기소침한 곳(Down-in-the-mouth[23])"라고 불렀다.

23) 정원이 그다지 멋지지 않은 것을 다윈의 집 이름에 빗대어 표현한 말

# 혁명

다윈은 런던에서의 생활을 그만두고, 연구에 전념하며 시골 신사의 삶을 살아가고 있었지만, 세상은 급격한 변화를 겪고 있었다. 일부 변화는 다윈이 종 사이의 경쟁에 대한 생각을 구성하는 것을 도왔고, 다른 변화는 사상이 전파되는 속도를 변화시켰다.

24) 훗날 색소폰으로 불림

칼 마르크스와 프레드리히 엥겔스는 공산주의의 아버지이다.

Karl Marx

Friedrich Engels

다원은 "다운 하우스에 거주하던 초반에 우리는 종종 사교모임에도 나가고 친구들도 사귀었다. 그렇지만 그러고 나면 나는 항상 흥분, 격렬한 떨림, 그리고 토할 것 같은 기분으로 고통받았다."라는 기록을 남겼다. 다윈의 사교 생활은 오래가지 못했고, 그는 그저 가끔씩 가족들을 만나거나 도서관을 가곤 했다. 다윈은 그의 새로운 집을 거의 벗어나지 않았다. 심지어 혁명의 시기가 왔을 때조차도 집을 벗어나지 않았다.

1844년, 사무엘 모스가 보낸 전보에 의해서 워싱턴 D.C에 볼티모어의 선거 결과가 알려졌다. 영국에 있던 다윈은 이제 우표로 요금을 미리 내고 편지를 부칠 수 있게 되었다. 기술은 빠른 속도로 발전하였다. 1848년에 아돌프 색스에 의해 개발된 애절한 음을 내는 악기24)와 같은 새로운 발명들은 아직 대중에게 널리 알려지진 않았지만 큰 잠재력을 가지고 있었다. 또 이 시기에 크루포드 롱이 개발한 일반 마취법도 훗날 의학 세계에 널리 퍼지게 된다.

## 유럽에 무서운 기운이 감돌다

1848년에 칼 마르크스와 프리드리히 엥겔스는 공산당 선언을 출간했다. 이들은 기존 질서를 정면으로 비판했다. 선언문에 따르면 그 당시 노동자 계급의 급진파들은 기존 지배계급의 통제권을 얻기 위해 사회를 동요시키고 있었다. 이 선언서가 설득하고자 하는 대상은 생산 수단과 분배 수단, 교환 수단을 지닌 주인들이다. 즉, 웨지우드처럼 자신이 설립한 공장에 생산된 것의 대부분을 자신이 갖고 극히 일부분만을 노동자들에게 나누어 주는 설립자에게 말하고자 하는 것이다. 다윈은 공산주의자에 대한 자신의 생각을 전혀 기록하지 않았다. 사실 그가 이것에 대해 남긴 기록이라고는 인류학적인 측면에서 조혼 풍습을 설명할 때 "공산주의"라는 용어를 사용한 것이 전부이다. 다윈은 예절의 법칙을 강하게 믿고 있었고 아랫사람들에게 함부로 해서는 안 된다는 생각을 가지고 있었다. 그러나 다윈의 부인은 종종 하인들과 문제 상황을 만들어내곤 했다. 심지어 한번은 요리사가 "너무 귀엽다"는 이유로 해고하기도 했다. 다윈이 집에서 수장으로서 굳건한 위치를 다지고 있을 때에도, 마르크스와 엥겔스는 인류의 서로 다른 알력들이 벌이는 끝없는 전쟁에 대한 글을 쓰고 있었다. "현존하는 사회의 역사는 투쟁의 역사이다. 노예가 아닌 사람과 노예, 귀족과 평민, 지배자와 농민, 조합의 장과 일꾼들은 싸움을 계속해왔다. 즉, 서로 정 반대의 상황에 처해 있는 억압하는 사람과 억압당하는 사람이 끊임없이 드러나지 않거나 드러나는 싸움을 했으며, 그 싸움에 의해서 각각의 시대는 사회가 혁신적으로 복원되며 끝이 나거나, 계급 간의 싸움으로 인해 사회가 파멸하며 끝이 났다." 1848년의 유럽은 혁명의 시대였다. 혁명은 프랑스에서, 독일에

왼쪽 사진 : 3월 혁명은 독일의 여러 주들을 통일하여 하나의 제국으로 만들 것을 요구했으며, "독일 제국"에서 벌어질 격렬한 마찰에 대한 위험을 무릅썼다.

서, 헝가리에서, 그리고 스페인에서 일어났다. 유럽이 아닌 또 다른 곳에서도 변화는 있었다. 아일랜드는 대기근으로 고통받았으며, 수많은 사람들이 죽었고, 대규모의 사람들이 미국으로 이민을 갔다. 미국에서는 독립선언문을 여성에게도 똑같이 적용해야 하는 지에 대한 토론이 있었다. 사실 차티스트들조차도 여성들의 선거를 허가하라는 요구를 하지는 않았었다. 차티스트 운동이 폭동으로 변해가고 있을 때에도 다윈은 시골에서 따개비와 탄층에 대한 연구를 계속하고 있었다.

런던의 케닝턴 커먼에서 열린 차티스트들의 대규모 집회

## 아버지의 죽음

　1848년은 또한 다윈의 아버지가 오랜 병환 끝에 돌아가신 해이기도 하다. 캐롤라인이 다윈에게 쓴 편지를 보면 다음과 같은 내용이 있다. "아버지가 오늘 아침에 너에 대한 이야기를 하려고 하셨어, 그렇지만 기력이 너무 쇠하셔서 말씀을 하실 수가 없었어. 우리는 아버지께 아버지가 하시고자 하는 말씀을 이미 알고 있으니 제발 말씀하시려고 하지 말아달라고 부탁했어. 아주 조금만 흥분해도 위험하실 수 있거든." 다윈의 자식들은 다윈의 슬픔을 이해하기엔 너무 어렸다. 헨리에타("에티"라고 불렸다.)는 이제 겨우 5살이었다. 헨리에타는 무엇 때문인지도 모른 채, 울음을 터트렸다. 다윈은 엠마 덕분에 안정을 되찾았다. 그렇지만 그녀가 주는 평안함이 평생 동안 지속되리라고 보장할 수는 없었다. 엠마에게서 느껴지는 편안함은 다윈에게 몇 년 전 아버지가 하신 말씀을 떠올리게 했다. 다윈의 아버지는 경건한 부부관계를 유지하려면 종교적인 회의감은 반드시 감춰야 한다고 당부하셨었다.

"내가 결혼을 약속하기 전에, 아버지는 나에게 내가 믿음에 대해 회의를 느낀다는 사실을 숨기라고 조언하셨다. 아버지는 믿음에 대한 회의가 결혼한 사람들에게 불러오는 심각한 불행에 대해 알고 있다고 말씀하셨다."

# 사색의 길

다윈은 다운에서 생활하면서 병의 증상을 경감시키기 위한 일련의 치료법들을 적용하였다. 수년 간, 다윈은 평일에도 의학적 치료를 했고, 편지를 주고받는 것과 실험 연구를 하는 것을 다른 장소로 분산시켰다.

사실 처음엔 샌드워크가 다운 하우스의 영역에 해당하지 않았었다. 다윈은 존 러벅에게 이 땅을 빌려서 사용했고 시간이 좀 지나서야 이 땅을 사들였다.

다윈의 가족들은 1849년에 제임스 굴리 의사가 운영하는 온천에 "물을 이용한 치료"를 받기 위해서 말번으로 이사를 갔다. 굴리가 추천한 치료법은 아침 일찍 일어나기, 차가운 물에 족욕하기, 샤워하기, 몸에 축축한 옷을 걸친 채로 오래 걷기 등이었다. 다윈은 말번에서 16주간을 머물렀고 이 치료들은 불쾌하긴 했지만 이 고된 치료법들이 그의 병을 호전시켜 주었다. 다운 하우스로 돌아와서 다윈은 굴리의 치료법을 포함하는 일과를 개발하였다. 다윈은 아침 일찍 일어나(여름에는 새벽 5시에 일어났다.) 집 근처 도로에서 운동을 했다. 정오가 되면 다윈은 샌드워크를 5번씩 돌았다. 또, 다윈은 날씨에 상관없이 특별히 제작된 급수탑 아래서 샤워를 했다. 다윈의 아이들은 급수탑의 모양이 꼭 장미과 식물 중 하나인 아그리모니의 꽃대 모양을 닮았다고 이야기하곤 했다.

다윈의 딸인 헨리에타는 당시의 기억을 다음과 같이 회상한다. "말번에 다녀오기 전에 우리는 아버지와 함께 오후 산책을 하곤 했다. 내 기억에 의하면 말번에 다녀오고 나서 우리는 아버지의 샤워장 밖에 서서 물이 쏟아지는 소리와 아버지가 차가운 물을 맞아 내는 신음 소리를 들었다. 아버지가 땅에 발을 굳게 디디고 서서는 옷을 차려 입으면, 우리는 줄을 잡아당기고는 물이 다 내려갔는지를 봤다. 그러고 나면 아버지는 뛰기 시작했고, 우리도 아버지와 함께 뛰었다."

그렇지만 다윈은 대개 혼자 있었다. 다윈은 날마다 같은 시간에 화방으로 들어가서 편지들과 신문들을 읽었다. 가끔은, 특히 겨울에는 난방비를 줄이기 위해서 아이들과 함께 아이들 공부방에서 저녁을 먹기도 했다. 다윈이 먹는 음식은 의사의 처방에 따라 굉장히 단조로웠고 가공되지 않은 것들이었다. 또 다윈은 연구를 열심히 하지 않았다. 굴리 의사는 다윈에게 하루에 고민하는 시간이 2시간이 넘지 않도록 하라고 권고했기 때문에 다윈은 아침에만 연구를 했고 오후에는 좀 더 쉬운 일을 하였다. 다윈이 여행에서 모아온 표본과 온실에서 기른 표본들이 여기저기 흩어져 있긴 했지만, 다윈의 의자는 바퀴가 달려 있었기 때문에 다윈은 의자에서 일어나지 않고도 책상에서 선반까지 움직이며 연구할 수 있었다. 다윈은 병 때문에, 연구를 하다가 갑자기 배탈이 나거나 구역질이 나는 경우가 있었고 방의 한쪽 구석에는 커튼으로 가려져있는 변소가 있었다.

－ 「종의 기원에 대하여」

## 비둘기 애호가

　　다윈은 하루에 2시간만 연구를 하라고 한 의사의 처방을 잘 지키지 않았다. 다윈은 운동을 하면서도 머릿속으로는 연구를 계속했고, 다윈의 아이들은 곧 다윈이 "사색의 길"을 천천히 걷는 동안 방해해선 안 된다는 것을 알아차렸다. 실제로 다윈이 사색의 길을 걷는 동안 그의 연구가 진척되는 경우가 많았다.

　　1850대에 들어서 다윈은 비둘기에 매료되었다. 다윈은 런던의 새 동호회에 들고 대규모의 사육장에서 90마리의 새를 키웠다. 다윈은 모든 새들이 한 종류의 "야생형" 비둘기에서 나왔을 것인데도 사육사들에 의해 이렇게 다양한 새들이 만들어졌다는 것에 대해 흥미를 느꼈다. 다윈은 하나의 선조 종에서 20개의 새로운 품종이 만들어 졌다는 것을 알아차렸다. "최소한 20개의 비둘기들이 선택되었다. 이들을 조류 학자에게 보여주면서 이들이 모두 야생의 새라고 설명한다면, 조류학자는 틀림없이 이들을 서로 다른 종으로 분류할 것이다."

## 종자들과 나뭇잎들

다윈의 실험은 심지어 작은 텃밭에까지 확장되었다. 다윈의 텃밭에는 다양한 식물들이 있었지만 다윈은 특히 28가지의 다양성을 보이는 양배추를 유심히 관찰했다. 그가 보기에 이 양배추의 종자는 거의 같은 모양이었다. 브로콜리[25]와 꽃양배추의 성체는 전혀 다른 모양이지만 종자만 보고는 어떤 것이 브로콜리의 종자인지, 꽃양배추의 종자인지 구분하기가 어려웠다. 그는 이 식물들에 대해 다음과 같이 설명했다. "양배추의 종자를 먹는 것이 아니기 때문에 농부들은 양배추 종자의 생김새나 촉감, 그리고 맛에 대해서는 관심을 두지 않았을 것이다. 그러나 양배추의 잎과 줄기에서 유용한 변이가 생성되면, 농부들은 생성된 변이를 알아차리고 보존하기 위해 노력했을 것이다. 이러한 노력은 아주 예전에 켈트 족이 양배추를 재배할 때부터 지금까지 계속되었을 것이다."

다윈은 비둘기의 다양성에 매료되었다. 인공적으로 만들어진 비둘기의 다양성이 마치 갈라파고스 핀치새에게서 보이는 자연적 다양성과 유사해 보였기 때문이다.

－ 「종의 기원에 대하여」

[25] 브로콜리도 꽃양배추와 마찬가지로 양배추의 일종이다.

# 끊임없는 궁금증들

다윈은 8년 동안 헌신적으로 해양 무척추동물에 대한 연구를 했다. 그가 연구한 동물에는 따개비도 포함되어 있었다. 따개비에 대한 연구는 비글호 위에서의 그의 전성기를 생각나게 했고, 또 다윈을 동물학계에서 인정받는 전문가로 만들어주었다. 다윈은 따개비 연구와 같이 쉽게 받아들여지는 연구도 했지만 비밀리에 "종의 변이"에 대한 이론도 연구했다. 그러나 다윈은 "종의 변이"에 대한 연구가 불러일으킬 반응에 대해서 두려워했다. 대신에 그는 다른 저자가 익명으로 출판한 비슷한 생각을 담고 있는 책이 불러일으킨 반응을 지켜보았다. 익명의 저자가 출판한 책은 많은 사람들에게 큰 충격을 주었다.

26) Arthrobalanus: 암수가 함께하는 따개비라는 의미
27) 따개비가 포함되는 분류군

다윈은 1846년까지 해서 비글호에서 얻은 표본 정리를 겨우 마쳤다. 그러나 다윈은 마지막 표본에서 새로운 영감을 받았다. 다윈은 마지막 표본병을 정리하다가 갑각류에 기생하는 기생충을 발견하였다. 기생충은 다른 생물의 껍질에 들러붙어 있었다. 다윈은 "미숙한 모양의 괴물"이 이전에는 밝혀지지 않았던 따개비의 한 형태라는 것을 알아차렸다. 한 쌍의 성기를 가진 따개비 수컷의 성체는 육안으로는 거의 보이지 않는다. 사실 다윈이 정말로 열광한 점은 "한 마리의 수컷 따개비, 혹은 두 마리의 수컷 따개비가 암컷 따개비에 있는 주머니에서 기생한다는 점이었다. 수컷 따개비는 암컷 따개비의 살에 반쯤 파묻혀 움직이지 않은 채 일생을 보

> *"저는 이것 이외에 암컷이 보이지도 않는 두 마리의 수컷을 풀고 다니는 경우를 들어본 적도 없습니다.··· 진정 자연의 원리와 자연에서 얻을 수 있는 궁금증들은 끝이 없습니다."*
>
> – 찰스 라이엘에게 쓰는 편지, 1949년 6월

낸다. 이 때문에 다윈은 따개비에 "Mr.아스로발라누스26)"라는 별명을 붙여 주었다. 다윈이 이런 새로운 발견을 할 수 있었던 것은 당시에 발전하고 있던 현미경 덕분이었다. 따개비에 대한 다윈의 관심은 더 커져서 다윈은 북극 탐험가를 포함한 전 세계의 여행자들에게 도움을 요청했다. 다윈은 심지어 예전에 비글호에서 자신의 조수였던 심스 코빙턴을 수소문해서 오스트레일리아에서 농부로 살고 있는 그를 찾아내어 다른 샘플들을 구해달라고 부탁하기도 하였다. 코빙턴은 그 다음해에 쓸모 있어 보이는 샘플을 신문으로 둘둘 감아 비글호의 다른 선원들의 소식과 함께 다윈에게 부쳤다. 다윈은 그 후에 「살아있는 만각류27)」와 「만각류 화석」이라는 완벽한 내용의 책을 발표하였고, 따개비에 대한 권위자가 되었다.

## 창조의 흔적

다윈이 따개비에 대해서 가진 열정은 한동안 다윈이 자신의 비밀 프로젝트에 마음을 쏟지 않도록 했다. 사실 다윈은 이미 「종의 기원에 대하여」의 초안을 거의 완성한 상태였다. 그러나 다윈은 이 원고가 출간되었을 때 빚게 될 논쟁을 두려워하고 있었다. 그래서 다윈은 책 출판을 미루고 엠마에게 자신이 죽으면 그의 부동산을 팔아서 생긴 £400로 책을 출판해 달라는 이상한 유언을 남겼다.

다윈이 유언을 남긴지 얼마 지나지 않아 다윈은 자신이 죽은 후에 출판될 책이 불러올 파장을 미리 경험해 볼 수 있었다. 익명의 작가에 의해

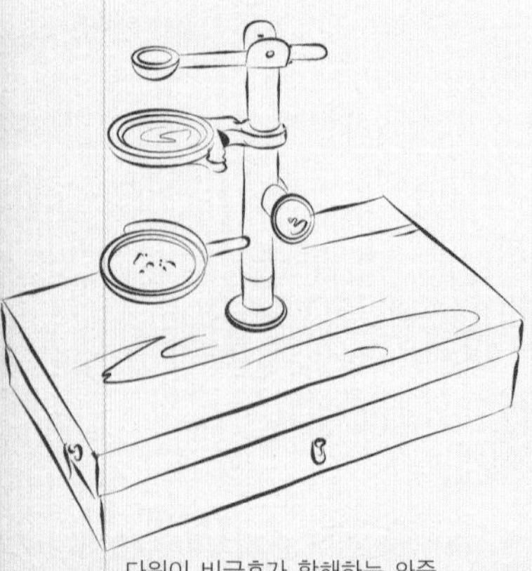

다윈이 비글호가 항해하는 와중에 그의 표본을 연구하기 위해 사용했던 것과 비슷한 현미경

*"나는 이제 막 종에 대한 이론의 초안 작성을 마쳤다. 나는 내 이론이 지금은 적대적으로 받아지더라도, 과학에 있어 의미있는 기여를 할 것으로 믿는다."*

— 엠마 다윈에게 쓴 편지, 1844년 7월 5일

집필된 「창조의 자연사적 흔적」이라는 책은 신이 우주를 하나하나 꼼꼼히 설계한 것이 아니라 우주의 법칙만을 만든 채 세상이 형성되고 생명이 무작위적 움직임으로 인해 새로운 종으로 변화하도록 내버려 두었다고 설명한다. 이 책은 사회에 큰 충격을 주었다. 왜냐하면 이 책은 인간이 하등동물에서 비롯되었다는 것을 암시했으며, 대중의 반발을 고려해서 신을 언급했을 뿐 사실은 무신론을 포함하는 주장을 하고 있었기 때문이다.

　　「창조의 자연사적 흔적」의 12번째 판이 나오고 나서야 이 책의 저자가 로버트 챔버라는 것이 밝혀졌다. 하지만 로버트 챔버는 이미 죽은지 13년이나 지난 사람이었다. 비록 다윈이 "이 책의 지질학은 엉망이고, 이 책의 동물학은 지질학보다 훨씬 더 엉망이다."라고 언급하긴 했으나, 「창조의 자연사적 흔적」과 다윈이 출간한 책은 그 이후 수십 년 동안 함께 논의되었다.

## "붉게 물든 이빨과 발톱"

알프레드 테니슨은 "인 메모리엄"(1849)이라는 시를 17년간을 고심하여 지었다. 이 시는 친구를 먼저 떠나보낸 슬픔에 대한 내용이지만, 또한 빅토리아 시대에 문제를 일으켰던 현대적 논쟁점에 대한 내용이기도 하다. 여기서 논쟁점이란 무신론을 비롯한 「창조에 대한 자연사적 흔적」의 출판으로 촉발된 "변이"에 대한 논쟁을 의미한다. 테니슨의 시는 자연을 맹렬한 경쟁이 일어나는 장소로 보았던 다윈의 생각을 시적으로 함축하고 있다.

"신은 곧 참된 사랑이며, 생명의 절대적 법칙이 사랑이라는 것을 누가 믿을까.
자연은 협곡 속에서 붉게 물든 이빨과 발톱을 드러내고 신의 말씀에 어긋나는 날카로운 비명 소리가 울려 퍼지는데."

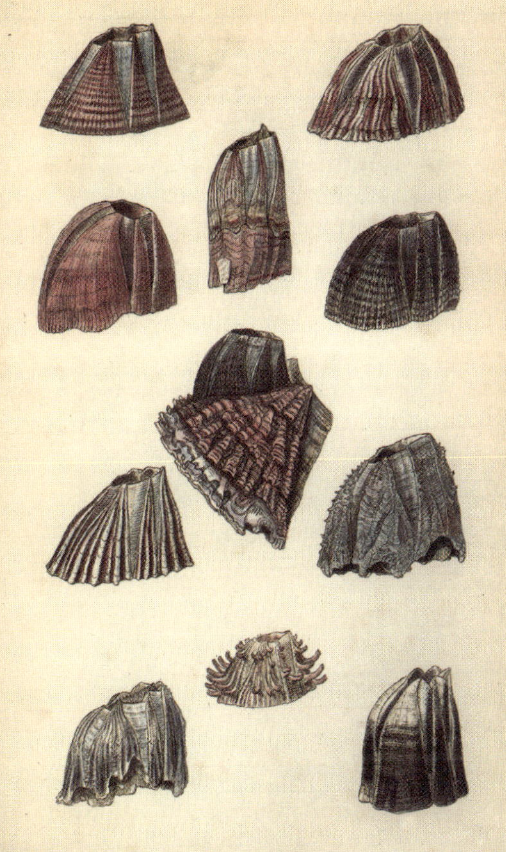

다윈은 살아있는 따개비, 멸종된 따개비 등 따개비에 대한 전 분야를 연구했다. 이 연구는 그를 따개비 분야의 세계적인 권위자로 만들었다.

# 모질고 참혹한 딸의 죽음

1851년에 다윈은 그가 "가장 사랑하는 아이"인 앤이 죽고나서 깊은 슬픔에 잠겼다. 다윈은 앤이 자신의 쇠약한 위 상태를 물려받았다고 생각했고(아마도 이것이 사실일 것이다.), 앤이 구토와 설사로 인해 급격히 쇠약해 지는 것을 지켜보아야만 했다. 앤이 죽고 나서 다윈의 부인인 엠마 다윈은 신앙에서 위안을 찾았지만, 다윈은 성경을 통해서만 알려져 있는 내세나 신에 대해 믿을 수가 없었다.

다윈은 자신의 미스터리한 건강 상태가 자손에게 유전되는 것일까 봐 걱정하기 시작했다. 다윈의 맏딸인 앤은 1851년에 이전에 극복했다고 생각했었던 고열과 복통이 재발하여 다시 고생하였다. 다윈은 "열이 잘 나고, 소화가 지독히도 안 되는 내 체질이 앤에게 유전되었다."라고 기록을 남겼다.

앤의 증상이 한 달 후에 다시 반복되었을 때, 다윈은 앤을 굴리 박사에게 데리고 갔다. 임신 마지막 달이 다 되어가는 엠마를 다운 하우스에 남겨둔 채 다윈과 앤, 그리고 헨리에타는 말번으로 향했다.

다윈은 앤의 병에 차도가 있기를 바라면서 앤을 굴리 의사에게 맡겨두고 돌아왔다. 그러나 얼마 지나지 않아 앤의 병세가 악화되었다는 소식이 들려왔다. 앤은 장티푸스를 암시하는 증상을 보였고, 굴리 의사는 손쓸 도리를 찾지 못했다. 앤은 혼수상태에 들어가기 전에 굉장한 고열에 시달렸다. 앤의 마지막 경련을 본 후에 다윈 자신도 병이 재발하고 말았다.

슬픔에 잠긴 엠마는 가족들과 함께 하는 자리에서 "천사 같던" 앤이 진짜 천사가 되어 버렸다면서 슬퍼했다. 그러자 다윈의 막내인 헨리에타는 자신이 충분히 착하지 않아서 천국으로 가지 못 한 것이라고 초조해 했다. 다윈은 앤의 무덤을 빅토리아 시대 양식의 조각들로 꾸미지 않고 수수한 비석을 세운 뒤 그 비석에 "사랑스럽고 착한 아이"라는 문구를 넣었다.

"앤은 내가 가장 사랑했던 아이였다. 앤의 정중하고, 열린 마음, 활기찬 모습, 그리고 강한 애정은 그녀를 정말로 사랑스럽게 만들었다."

"우리는 집안의 기쁨이었으며 노년에 위로가 되었을 아이를 잃었다."

## 앤의 상자

다윈은 얼마 안 되는 앤의 물건들을 모아 눈에 보이지 않는 곳으로 치워버렸다. 21세기에 찰스 다윈의 먼 후손인 랜달 케인즈가 집안의 가보로 내려오는 대형 상자 안에서 앤의 문방구류 상자를 발견하였다. 문방구류 상자 안에서는 앤의 필적을 찾을 수 있었고, 펜과 잉크, 또 수를 놓았던 천, 리본, 앤의 머리카락, 그리고 슬프게도 말번에 있는 앤의 무덤을 찾아가는 지도가 함께 들어있었다.

"내가 죽거든, 내가 이것에 수도 없이 키스를 하며 눈물 흘렸던 것을 알아주렴."

## 신에 대한 믿음을 잃다

앤이 죽은 이후 찰스 다윈은 기독교 신앙을 완전히 잃게 되었다. 사실 다윈이 기독교 신앙에서 마음이 떠나기 시작한 지는 오래 되었다. 기독교적 입장에서, 다윈의 아버지와 같이 기독교를 믿지 않는 사람들은 그들이 기독교를 믿지 않는다는 이유 하나만으로 영원히 고통받아야 한다는 것을 알기 시작했을 때부터 다윈은 기독교 신앙에 대한 회의감을 가졌다.

다윈은 "나는 아주 천천히 기독교 신앙을 잃고 있었다. 다만 이제야 완전히 끝이 났을 뿐이다."라고 설명하였다.

앤 다윈은 다윈이 가장 사랑했던 딸이었으며, 다윈은 평생 그녀의 죽음을 슬퍼했다.

다윈은 비글호에서 선원들과 논쟁을 할 때, 성경을 인용하곤 했었다. 그러나 그 뒤로 몇 년의 시간이 흐른 후 다윈은 서서히 성경의 여러 구절에 의구심을 가지게 되었다. 자연과학, 특히 지질학과 동물학을 공부하는 동안 다윈은 구약성서를 거의 보지 않았다. 다윈은 "구약성서는 힌두교나 다른 미개한 종교와 다를 바가 없다."고 여겼다. 다윈은 다른 과학자들과 마찬가지로 신약성서를 읽는 것에도 시간을 많이 할애하지는 않았으며, 신약성서에 나오는 기적이 "은유나 비유"라는 설명은 신약성서를 믿음의 초석으로 삼는 것에 전혀 도움이 되지 않는다고 생각했다.

다윈은 믿음 자체는 증거가 될 수 없다고 여겼다. "힌두교나 이슬람교, 그리고 다른 종교들도 기독교와 똑같은 방법으로 주장할 것이고, 기독교가 하나님을 믿는 것과 같은 정도로 다른 종교들도 유일신, 혹은 다수의 신들을 믿거나, 혹은 불교처럼 신을 믿지 않는다." 1849년에 다윈과 그의 가족들은 더 이상 교회에 나가지 않았다. 다윈은 교회를 나가는 대신 산책을 했다. 1850년에 다윈은 프란시스 뉴만이 쓴 「믿음의 국면」을 즐겨보았다. 「믿음의 국면」이란 책은 성경의 역사적 정확도에 대한 가치를 낮게 평가했으며, 지옥의 개념을 받아들이지 않았다.

앤의 무덤은 빅토리아 시대의 상류 사회의 기준에 비해서는 상당히 수수하다. 이것은 다윈이 믿음을 잃었다는 것을 보여준다.

"악마의 사제가 서툴러서 실수로 헛되이 무섭고 참혹한 자연의 소행을 기록한 거야!"

- 조셉 후커에게 보낸 편지, 1856년 7월 13일

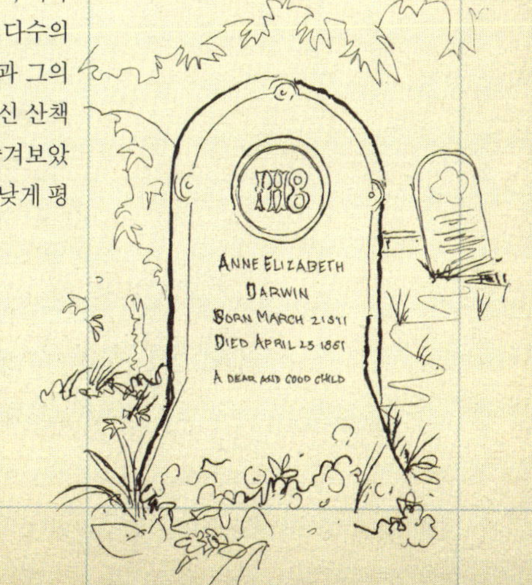

# 대영 박람회

앤이 죽은 해는 런던의 하이드 공원에서 국제 박람회가 열린 해이기도 했다. 해외 각국에서 공수된 훌륭한 전시물들과 박람회가 열린 수정궁은 빅토리아 시대의 전성기를 보여 준다. 그러나 여기에 전시된 수많은 엔진들, 각종 차량과, 예술 작품 중에서 다윈에게 가장 깊은 인상을 남긴 것은 새로운 품종의 양에서 나온 양털이었다.

1851년에 열린 대영 박람회는 처음으로 세계의 여러 나라들이 함께 참여한 박람회였다. 이 박람회에서는 세계 각국에서 개발된 새로운 기술과 각국의 전통이 소개되었다. 대영 박람회는 이 박람회를 위해 런던의 하이드 공원에 굉장히 크게 건설된 "수정궁"에서 열렸다. 수정궁은 큰 성공을 거뒀고, 6백만의 관람객을 맞았으며(당시 영국 국민의 거의 1/3에 해당하는 숫자이다.), 큰 수익을 내어서 여기서 만들어낸 수익으로 세 개의 박물관과 장학 기금까지 만들었다.

심지어 빅토리아 여왕조차 자신이 이 박람회에 참여한 것을 "내 생애에서 가장 행복한 날"이라고 표현했다. 다윈은 이런 기회를 그냥 넘겨버릴 사람이 아니었다. 다윈은 그의 모든 가족을 데리고 박람회에서 가까운 형인 에라스무스의 집에서 일주일 내내 머물렀다. 다윈은 대영 박람회를 며칠에 걸쳐서 구경하고, 또 구경했다. 다윈의 아이들이 금방 싫증을 냈기 때문에 다윈은 아이들을 삼촌에게 맡긴 채 박람회를 구경했다.

이 박람회는 다윈에게 그가 비글호에서 지냈던 나날을 떠올리게 했다. 다윈이 예언했던 것처럼 반 디멘의 땅에서는 원주민들이 줄어들고 고유종들이 점차 멸종되고 있어서, 슬프게도 전시물들을 많이 보내지 못했다. 뉴싸우스웨일스에서 보낸 전시물 중에는 백인 정착민들에 의해 만들어진 원주민들의 사전이 있었으나 원주민 문화에 대한 전시물은 없었다.

다윈이 이 박람회를 굉장히 즐겁게 관람하긴 했지만, 다윈의 몸 상태는 다시 나빠졌다. 다윈은 관람을 한 후에 약해진 몸을 회복하는 데에 일주일이 걸렸다.

하이드 공원에 건설되어 9달 동안 전시되었던 수정궁은 그 자체로 대영 박람회에서 가장 경이로운 것들 중 하나였다. 수정궁은 대영 박람회가 끝난 후 다른 지역으로 옮겨졌다가 1936년에 파괴되었다.

## 유명한 방문객의 기록

이곳은 정말 광대하고, 낯설고, 새로운 굉장한 곳이어서 묘사하는 것이 불가능하다. 특정한 하나가 이런 장엄함을 만들어 내는 것이 아니고, 이곳에 있는 모든 것이 모여 장엄함을 만든다. 사람이 지금까지 만들어낸 모든 것. 기관차나 보일러, 채굴 장치, 온갖 종류의 차량, 다양한 마차용 장비와 같은 것에서부터 유리장 속 벨벳 천 위에 놓여 있는 보석 세공사의 작품들과 다이아몬드와 진주로 장식된 굉장히 귀한 장식함까지 없는 것이 없었다. 이곳을 매장이나 박람회라고 부를 수밖에 없겠지만, 이곳은 마치 동양의 신비한 요정이 만들어낸 매장이나 박람회인 것 같다. 이렇게 전 세계의 물건을 한 곳으로 모으는 것은 마술이 아니고서는 불가능해 보인다. 초자연적인

힘만이 이와 같이 반짝이고 색채가 대비되도록, 그리고 기묘한 힘을 가지도록 물건을 배열할 수 있다. 복도에 가득 찬 군중들은 보이지 않는 영향력에 지배되고 정복된 것처럼 보인다. 이곳을 채우고 있었던 3만 명의 사람들 중에서 큰 소리를 내며 여기저기를 마구 돌아다닌 것은 나 혼자만이 아니었다. 바다의 웅웅거리는 소리를 멀리에서 듣는 것처럼 살아있는 사람들의 물결이 웅웅거리는 소리를 만들었다.

– 샤롯데 브론테
P. 브론테에게 쓰는 편지, 1851

## 모샹의 메리노

다윈은 그저 기분 전환으로 관람을 한 것은 아니었다. 다윈은 전시물을 평가하는 일을 하는 관계자와 대화를 나눴다. 특히 다윈은 프랑스의 모샹 지역에서 나온 양털에 큰 관심을 가졌다. 1828년에 메리노라는 종의 숫양이 굉장히 "길고 부드러우며 곧고 매끄러운 털"을 가지고 태어난 후로, 양의 주인이었던 그룩스라는 농부는 1833년에 이 숫양을 모든 양들과 교배시켰다.

다윈은 이 일에 대해서 다음과 같은 기록을 남겼다. "이 양털은 굉장히 독특하고 훌륭하다. 이 양털은 기존의 가장 좋은 메리노 양털보다도 비싸게 팔린다. 심지어 잡종의 양털도 귀중하다. 이 양털은 프랑스에서 '모샹의 메리노'라고 불린다고 한다."

다윈은 이 품종이 개량되는 속도가 굉장히 흥미롭다고 생각했다. 그러나 다윈은 양치기처럼 양털에만 관심을 가졌던 것이 아니라, 양에서 새롭게 생긴 특성이 일반적인 양들과는 다른 편차를 보인다는 사실에 주목하였다. "첫 번째 숫양과 그의 첫 번째 자손들은 크기가 작았고, 머리가 컸으며, 목이 길었고, 좁은 가슴, 그리고 옆구리가 길었다. 그러나 적절한 교배와 선택에 의해서 이러한 단점은 사라졌다."

# CHAPTER SIX

# 종의 기원에 대하여

# 명예의 문제

1858년에, 다윈은 보르네오의 젊은 과학자인 알프레드 월러스로부터「본래의 형태에서 *끊임없이 변해가는 변이들의 경향성에 대하여*」라는 논문의 초안을 받고는 큰 충격을 받았다. 다윈은 찰스 라이엘에게 만약 자신이 사적인 교신을 통해서 월러스의 의도와 생각을 알고 있는 상태에서 자신의 이론을 먼저 발표하면 범죄가 되느냐고 물었다. 결국, 다윈과 다윈의 동료는 신사적인 절충안을 선택했다. 다윈과 월러스의 이론은 같은 날에 발표되었다.

알프레드 러셀 월러스(1823~1913)는 어린 자연과학자로 아마존 열대 우림의 생성에 대한 연구를 주로 하였다. 다윈의 비글호에서의 항해와 그와 비슷한 다른 탐험들에 영감을 받은 월러스는 브라질에서 4년 동안 동물군과 식물군 그리고 그 지역의 거주자들을 연구하고 다양한 표본을 얻었으나 거의 대부분의 표본들이 1852년에 영국으로 회항하기로 되어 있던 배와 함께 가라앉아버리고 말았다. 10일 동안 작은 보트에서 구조되기를 기다리면서, 월러스는 몇 장의 종이 뭉치와 두 권의 책만을 간신히 구조할 수 있었다. 월러스는 이렇게 그의 경력을 뒷받침 해줄 만한 모든 발견물들을 잃어버렸다.

좌절을 인정할 수 없었던 월러스는 다시 한 번 1854년에 영국을 떠나서 말레이시아 군도에서 8년을 보내고 이곳에서 천여 종의 딱정벌레와 나무에서 활공하는 개구리를 동정했으며, "생물지리학" 연구에 굉장한 노력을 기울였다. 생물지리학이란 지구를 동류의 생물이 살아가는 지역으로 구분하는 학문이다. 월러스는 "모든 새로운 종들은 동류의 생물들이 살아가는 시간과 장소에서부터 나타난다."고 생각했다. 훗날 사라와크의 법칙으로 알려진 이 생각은 그가 1855년에 쓴 논문인「종의 도입을 조절하는 법칙에 대하여」에 요약되어 있다. 이 논문에서 월러스는, 만약 선택적 육종으로 가축의 발달을 다양한 방향으로 조절할 수 있다면 분명 자연 상태에서도 이러한 다양성이 존재할 수 있을 것이라고 주장했다. 그러나 월러스는 가축들이 그들의 원래 종을 유지하는 경향이 있는 것과는 달리 "자연에 서는 변종들이 부모종보다 오래 살도록 만드는, 또 종이 본래의 형태에서 계속적으로 변하도록 만드는 법칙이 존재한다."고 설명하였다.

월러스는 "야생 동물들의 삶이 생존을 위한 투쟁의 연속"인 것을 관찰하고, 이것에서 더 나아가 새로운 종을 창조하는 생물학적 메커니즘이 있는 것이 아닐까에 대해 고심하게 되었다.「본래의 형태에서 *끊임없이 변해가는 변이들의 경향성에 대하여*」라는 새로운 논문을 게재하기 위해서 자신의 생각을 뒷받침할 증거와 조언을 찾는 와중에, 월러스는 논문의 초안을 영국에 있는 그가 존경하는 학자인 찰스 다윈에게 보냈다.

*"이것이 어떻게 끝나든지 간에, 내가 창의성을 쏟아 부은 산물은 산산조각이 나버릴 것이다."*

"이 사본은 절대 출판을 의도하고 만들어진 것이 아니다. 그렇기 때문에 이 문서에 크게 관심을 두지는 않았다."

## 선수를 빼앗겼다!

다윈은 월러스의 논문 초안을 받고 소름이 끼쳤다. 찰스 라이엘은 과거에 다윈에게 다윈의 이론을 학계에 알리지 않으면 다른 누군가가 비슷한 이론을 먼저 발표할 것이라고 경고한 적이 있었다. 다윈은 라이엘에게 "당신이 확실히 옳았어요. 내가 먼저 발표를 했어야 하는 건데."라고 편지를 보냈다.

이제 더 이상은 다윈이 기존에 계획했던 대로 사후에 출판할 때까지 기다릴 수만은 없게 되었다. 마음이 급해진 다윈은 라이엘에게 보낸 편지에 "그렇지만 내가 초안을 발표하지 않으려 했기 때문에 영광스럽게도 월러스가 나에게 자신의 학설의 개요를 보낸 것이 아니겠습니까?"라고 물었다. 다윈은 한참을 고민한 다음, 죄를 짓는 기분이기는 했지만 런던의 린네 학회에 자신의 논문을 먼저 제출했다. 다윈은 경쟁자에게 위협을 받지 않았다면 자연선택의 이론을 발표하지 않았을 것이라 인정하고 있었기 때문에, 월러스의 논문과 자신의 논문을 합동 발표하기로 결심했고 그래서 다윈과 월러스는 후에 자신들의 논문을 같은 날 발표하게 되었다. 1858년 7월 1일, 월러스가 아직 극동에 머무르고 있을 때, 월러스의 논문과 서둘러서 만들어낸 다윈의 원고와 함께 린네 학회에서 나란히 낭독되었다. 이때 낭독된 다윈의 원고는 「자연 선택에 의한 종과 변이의 영속성」이라는 자신의 미출판 논문을 인용한 것이었다. 다윈 역시 논문이 낭독되는 곳에 참석하지 않았다. 다윈은 집에서 성홍열로 죽은 어린 찰스 워링 다윈을 애도하고 있었다. 다윈의 논문은 설득력 있는 각주들을 포함하고 있었다(각주의 일부분은 변명과 허풍으로 채워져 있긴 했지만 말이다). 다윈은 각주에서 자신은 연구 결과를 발표할 생각이 전혀 없었지만, 이 연구는 "1839년에 이미 초안이 작성되었고, 1844년에 사본이 만들어졌으며, 그 사본은 후커 박사가 읽었으며, 그 이후에 찰스 라이엘에게 이 내용을 알려주었다."고 주장했고 자신의 주장을 지지하기 위한 증인들도 각주에 적어 넣었다. 만약 다윈이 이와 같이 주장하지 않았다면 아마 이 책의 제목은 「월러스의 노트」가 되었을 것이며 다윈은 각주에서 따개비에 대해 잘 아는 인물로서 「월러스의 노트」에 등장했을 것이다.

알프레드 러셀 월러스의 새로운 이론은 다윈이 몇 년 동안 생각해온 이론과 상당히 유사했다.

린네 학회의 문장과 모토, Naturae Discere Mores : 자연의 방식을 배우자.

# 지긋지긋한 책

다윈은 「자연 선택 혹은 치열한 생존 경쟁에서 선호되는 종의 보존에 의한 종의 기원에 대하여」라는 책의 첫 번째 판을 1859년 11월 24일에 출판하였다. 책은 발간되자마자 과학자들과 일반 독자 모두에게서 히트를 쳤고 첫 번째 판인 1250부 모두가 빠르게 절판되었다. 다윈은 그의 생애 동안 이 책을 6판까지 출판하였다.

다윈 원고의 사본이 존재한다는 언급이 출판업자들이 상당히 선호할 만한 조건이었고, 다윈과 월러스의 논문의 내용이 혁신적이었음에도 불구하고, 발표 직후에 그들의 이론이 과학계에 일으킨 움직임이 크지는 않았다. 그 달이 지나서, 다윈은 출판업자인 존 머레이와 이 주제에 대한 내용 전체에 대한 판권 계약을 했다. 찰스 라이엘이 다윈의 대리인으로서 출판사와 계약을 했다. 찰스 라이엘은 머레이가 본판을 보지도 않은 채로 계약을 하도록 유도했다.

다윈은 머레이가 자신의 글을 출판해줄지에 대한 확신도 없었다. 다윈이 아는 한, 모든 현대 지질학 교과서가 이미 "창세기에 정면으로 반대하는 내용"을 싣고 있었으며, 동물과 식물에 대한 다윈의 생각도 이와 비슷한 본성을 가지고 있었다. 다윈은 라이엘에게 지질학 교과서가 이미 이런 내용을 싣고 있음에도 불구하고 자신이 책을 출판하는 데에 따르는 위험에 대해 미리 알려주어야 하느냐고 물었다. "라이엘, 당신은 내가 머레이에게 내 책이 이 주제가 필연적으로 만들어낼 수밖에 없는 논란에서 상대적으로 정통적인 관점에서 덜 벗어났다는 것을 말해주어야 한다고 생각하십니까? 내가 사람의 기원에 대해서는 논의하지 않은 점, 창세기에 대한 논의는 전혀 하지 않은 점 등등과, 그리고 내가 사실들만을 설명하고 있다는 점, 그리고 그 사실들로부터 그런 결론을 내린 것이 나에게는 공정해 보인다는 점을 말해야 한다고 생각하시나요?"

다윈이 원고가 이미 완전한 것이라고 주장하긴 했지만, 출판을 위해서는 개정과 퇴고, 그리고 그가 "가설의 단편"이라고 부른 것에 대해 다시 한 번 심사숙고 할 필요가 있었다. 다윈은 진행된 작업 결과물을 확인받고, 주석을 달기 위해 원고를 라이엘과 조셉 달톤 후커에게 각각 보냈다. 라이엘은 인류의 기원에 대해 예상되는 결과에 대해 난처해 했고, 후커는 자신의 아내가 우연히 원고의 일부를 서랍에 넣어두어 아이들이 원고의 거의 1/4을 그림 그리는 종이로 사용하고 말았다며 미안해 했다. 1년이 조금 지난 후에 책이 인쇄되었고, 판매 준비를 마쳤다. 이 책이 과학적 문제에 대한 지루한 논쟁에 대해 다루고 있다고 생각됐기 때문에 존 머레이의 주변 사람들은 존 머레이에게 책을 500부만 인쇄하라고 설득했다.

ON

# THE ORIGIN OF SPECIES

BY MEANS OF NATURAL SELECTION,

OR THE

PRESERVATION OF FAVOURED RACES IN THE STRUGGLE
FOR LIFE.

By CHARLES DARWIN, M.A.,

FELLOW OF THE ROYAL, GEOLOGICAL, LINNÆAN, ETC., SOCIETIES;
AUTHOR OF 'JOURNAL OF RESEARCHES DURING H. M. S. BEAGLE'S VOYAGE
ROUND THE WORLD.'

LONDON:
JOHN MURRAY, ALBEMARLE STREET.
1859.

*The right of Translation is reserved.*

## 형식과 내용

「종의 기원에 대하여」가 과학자와 일반인 모두에게 이렇게 잘 팔릴 수 있었던 이유 중 하나는 읽기 쉬운 형식에 있었다. 1859년도 판은 서론와 함께 14개의 단원으로 이루어져 있었다. 다윈은 서론에서 1831~ 1836년까지의 비글호의 항해를 다시 한 번 언급하며 당시에 보았던 동물들 때문에 자연 선택에 의한 진화론을 처음으로 생각하게 되었다고 설명하였다. 그리고 서론의 그 다음 부분에는 각 단원에서 설명하는 종의 진화에 대한 이론적 배경과 증거에 대한 소개를 하였다.

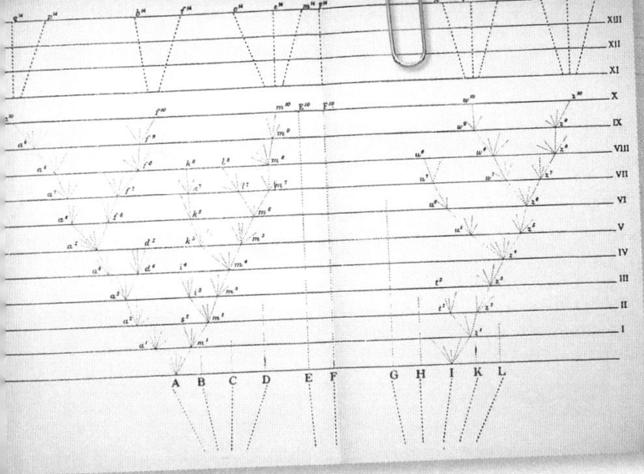





## 절판

「종의 기원에 대하여」는 1859년 11월 24일에 15실링의 가격으로 출판되었다. 다윈은 책 한 부를 보르네오에 머물고 있는 자신에게 호의적인 알프레드 러셀 월러스에게 보냈다. 다윈은 월러스에게 다음과 같은 편지를 함께 보냈다. "대중이 이 책을 읽고 어떤 생각을 할지는 신만이 아신다."

놀랍게도 책의 공식적인 출판일보다도 전에 첫 번째 판인 1,250부가 전부 팔렸다. 개정 2판인 3,000부가 재빨리 인쇄되어 1860년 1월 7일에 발행되었다. 다윈이 살아있는 기간 동안에 「종의 기원에 대하여」는 총 6판까지 인쇄되었고, 다윈은 매번 비평에 대한 논박을 담은 글을 넣어 개정판을 만들었다. 개정 3판은 1861년에 여러 보충자료와 함께 "종의 기원에 대하여 최근에 진전된 의견의 시기별 개요"라는 소개용 부록까지 포함되어 발행되었다. 더욱 개정 4판도 1869년 2월 10일에 발행되었다.

다윈은 랭커셔의 노동자 조합이 책을 사기 위해 공동 출자를 한 것을 듣고 머레이에게 6판은 좀 더 저렴하게 만들자고 제안하였다. 그래서 6판은 이전과 비슷한 책이었음에도 5판의 반 값을 책정했고, 최근에 조용히 들려오는 비평에 대한 단원을 추가하여 1872년 2월 19일부터 팔기 시작했다. 개정 6판의 제목에서 "대하여"라는 단어가 빠졌으며, 다윈은 처음으로 "진화"라는 용어를 사용하였다.

「종의 기원에 대하여」를 출판할 때쯤의 다윈의 사진

# 변이

「종의 기원에 대하여」라는 책의 첫 부분에서는 다윈과 월러스의 작업을 함께 소개한다. 이 부분의 내용은 종의 정의는 확고히 정해져 있는 것이 아니라는 것을 논의하는 것으로 시작한다. 심지어 같은 종의 동물이라도 서로 다른 다양한 특성을 가지고 있다고 설명한다. 기독교적 시각으로 보았을 때, 가장 충격적인 것은 창조물이 완료된 형태가 아니며 계속해서 새로운 종이 생성되고 있다는 것이었다.

다윈은 라이엘에게 자연에 대한 분석에서 인간에 대한 것은 포함시키지 않았다고 말했지만 사실 그는 책의 가장 초반부에서 사람에 대한 예시를 들었다.

"한 가족 내에서 여러 명이 색소결핍증을 가지고 있다든가, 과민성 피부라든가, 털이 많은 피부를 가지고 있다는 이야기는 모든 사람들이 들어보았을 것이다. 만약 이렇게 이상하고 희귀한 형질이 정말로 유전된다면 조금 덜 이상하고 일반적인 형질들도 유전된다는 것을 쉽게 받아들일 수 있을 것이다." 하지만 다윈의 중요한 주장들은 대부분 동물에 관한 것이었다. 다윈은 사람들이 개와 같은 가축을 석기시대부터 원하는 방향으로 개량해온 것이라고 진술하였다. 개는 한때 늑대와 비슷했던 동물이었으나 사람의 무리로 오게 되었으며 현대의 개들은 "몇 안 되는 종끼리의 교배"를 통하여 만들어졌다는 것이다.

다윈은 그레이하운드와 블러드하운드, 불독 그리고 스패니얼이 모두 다르게 생겼지만 여전히 모두 개인 것에 주목했다. 사육사들은 이 개들을 사육하면서 "인위적인 선택"을 하였고 그것이 다양한 품종을 만들었을 것이다. 그렇지만 그렇다고 해서 완전히 다른 종이 만들어진 것은 아니었다.

다윈은 조상종의 흔적이 후손종에서 갑자기 출현할 수 있다는 사실에 주목했다. 자신이 비둘기를 키우던 경험에 비추어 보았을 때, 바위비둘기(*Columbalivia*)의 푸른 색이 종종 다른 새들의 변이체에서 나타나기도 했던 것이다.

"나는 모든 인간이 사육하는 모든 비둘기 품종이 *culumba livia*의 지리적 아종의 후손이라는 것에 대해 한치의 의구심도 갖지 않는다."

## 초기종

다윈은 과학 학회가 지금까지 생물들이 적절히 분류되었다고 가정했을 뿐이라는 것을 계속해서 강조했다. 과학은 정보에 접근할 수 있는 정도로만 세상을 이해할 수 있다고 생각했던 것이다. 다윈 자신은 비글호의 항해를 통해서 수십 종의 새로운 동물과 식물을 발견하였다. 어느 누가 지금까진 발견되지 않았지만 중간형의 변이체가 없다고 단정 지을 수 있겠는가? 만약 X종과 Z종이 서로 다른 종이라고 생각될 때, "잃어버린 고리(찰스 라이엘이 처음으로 사용한 용어)" 즉, X종과 Z종 모두와 관련이 있는 지금까지는 알려지지 않았던 Y종이 밝혀진다면, 과학 학회는 X, Y, Z 세 종을 공통된 하나의 종의 부분들로 다시 분류해야만 할 것이다.

다윈은 이와 같은 이유 때문에 과학자가 특정 종인 동물들 사이의 변

*Columba livia*는 다른 모든 비둘기 품종의 조상형이라고 생각된다.

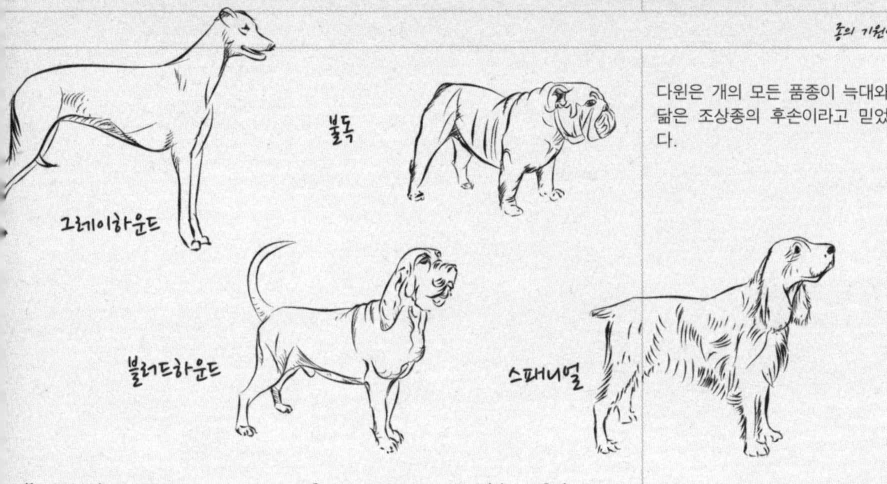



다윈은 개의 모든 품종이 늑대와 닮은 조상종의 후손이라고 믿었다.

> "나는 분명히 식별되는 변종이 정당하게 '초기종' 이라고 불릴 것을 확신한다."

이를 모두 알 수는 없다고 주장했다. 사실, 종을 발견하는 것은 시간이 매우 오래 걸리는 일이고, 몰랐던 것을 뒤늦게 깨닫게 되는 것이다. 그래서 이러한 종의 변이들은 마치 전혀 다른 새로운 종이 시작되려고 하는 것처럼 보일 수 있으며, 각각의 종을 보강할 수 있는 사소한 차이가 나타난 것처럼 보일 수도 있다. 또한 예기치 못했던 새로운 환경 아래서 번성한 것처럼, 혹은 첫 번째 돌연변이의 후손들의 확산인 것처럼 보일 수도 있는 것이다. 하지만, 이와 같이 셀 수 없는 "초기종"은 미처 발견하기도 전에 죽을 수도 있다. 특히 "초기종"이 가진 새로운 특징이 살아가기에 불리할 때는 더욱 그렇다.

　이 간단한 주장은 종교의 기저를 완전히 뒤흔들어 놓을 잠재력이 있었다. 이 주장은 창세기에 기술된 것처럼 완전한 형태를 띤 하나의 창조물이 생성되는 것이 아니라는 것을 암시하고 있었던 것이다. 노아가 방주에 90여종의 서로 다른 비둘기를 태웠을까? 아니면 그냥 한 쌍의 *Columba livia* 만을 태우고 이후에 사육사들이 한쌍의 *Columba livia*로 다른 품종들을 만들어 낸 것일까?

## 라마르크설

다윈이 「종의 기원에 대하여」에 쓴 그의 생각은 다윈의 할아버지인 에라스무스가 쓴 「동물학」의 영향을 받았다. 에라스무스는 「동물학」에서 "모든 온혈 동물은…, 새로운 신체 부위를 획득할 힘을 가지고 있다."라고 주장하였다. 이것은 만약 생물이 높은 가지에 다다르기 위해 목을 늘리면, 늘어난 목이 후손에게 전달되고, 결과적으로 기린과 같이 긴 목을 만들어 낸다는 가정을 이끌어낸다. 이러한 생각은 프랑스의 생물학자인 장 바티스트 라마르크(1744~1829)에 의해 널리 알려졌다.

자연 선택에 따른 현대적인 설명으로 대신하자면, 기린과 같이 목이 긴 생물이 높은 가지의 음식을 먹기가 쉬웠고 그렇기 때문에 그들이 먹을 것이 부족한 시기에 쉽게 살아 남았다고 할 수 있다. 여러 세대를 지나면, 짧은 목을 가진 생물체는 멸종되고, 긴 목을 지닌 후손이 번성하게 된다. 이러한 과정은 계속되고 긴 시간을 거치며 선택의 효과는 증강된다.

# 자연선택

다윈의 생각에서 중심이 되는 것은 한 종에서 수 없이 많이 발생하는 무작위적 변이들 중 일부만이 종이 환경에 적응하도록 이끈다는 것이다. 다윈은 이 개념을 사육사나 정원사에 의한 "인공선택"으로 만들어지는 가축의 변이와 대조하기 위해서 "자연 선택"이라고 이름 붙였다.

「**종**의 기원에 대하여」에서는 생명체가 항상 생존 경쟁을 한다는 것을 기정사실화하면서, 다음과 같이 이야기 한다. "얼마나 작은 변화이든, 진행을 야기하는 변화이기만 한다면, 그리고 그 변화가 어떤 종의 한 개체에게 어떤 정도로든 긍정적인 결과를 만들어내기만 한다면, 그리고 그 변화가 외부의 자연 환경과 다른 개체들과의 끝없이 복잡한 관계 속에서 작용하는 것이라면, 그 변화는 그 개체에게서 보존되고, 그 개체의 자손에게까지 이어질 것이다."고 설명한다.

다윈은 연구를 수년 간 계속해 오면서 수십 개의 사례들을 모았다. 긴 주둥이를 가진 곤충은 특정 식물의 꿀을 얻기가 쉽다. 이와 비슷하게, 빠른 늑대도 먹이를 얻기가 쉽다. 다윈에게 자연선택은 단지 더 좋고, 더 빠르고, 더 강한 것에 대한 문제가 아니었다. 자연선택은 다른 방법으로는 설명할 수 없는 동물계에 존재하는 다양한 변이들을 설명할 수 있었다.

또한 다윈은 "성 선택"에 대한 사례도 설명했다. 성 선택이란 동물이 개개의 기준을 가지고 짝짓기 상대를 선택하는 것을 의미한다. 번쩍이는 깃털을 과시하는 수컷 공작은 암컷 공작의 환심을 산다. 수세대 동안, 큰 꼬리와 번쩍이는 색을 지닌 공작이 더 많은 짝짓기 상대를 구하는 것이 계속되면 그들의 형질은 더 많은 자손에게 이어지게 된다. 그러는 동안에 색이 덜 화려한 공작들은 짝짓기 상대를 만나는 것에 실패하여 그들의 덜 화려한 특성과 함께 멸종하게 된다.

*"나는 자연 속에 존재하는 각각의 사소한 변화들이 유용할 때, 그 변화가 보존된다는 원리를 '자연선택'이라고 불러왔다. 내가 '자연선택'이라는 용어를 사용한 이유는 이 원리를 인간에 의한 인위선택과 연관 짓기 위해서였다."*

다윈은 만약 꿀이 꽃의 깊숙한 곳에서 발견된다면 몇몇 곤충의 주둥이는 그것에 도달할 만큼 길게 진화할 것이라고 예측했다.

## 형질의 발산

다윈은 한 생물체의 성공이 그 생물체 주변에서 살아가는 다른 동물들에게는 재앙이 된다는 사실을 깨달았다. 다윈은 "(여우나 사자와 같은) 네발 달린 육식동물"에 대한 가설을 제안했다. 만약 네발 달린 육식동물의 숫자가 특정 단계에 이르면, 그들은 "살아있는 먹이든, 죽어있는 먹이든 간에 새로운 종류의 먹이를 찾아야 하는 압박을 받게 된다. 그들은 살아가는 장소를 바꾸거나, 나무를 타고 오르거나, 물속으로 뛰어들거나 혹은 고기를 먹는 식성을 조금 버리거나 하는 방식으로 변하게 된다." 이 가상의 포식자는 환경에 적응하거나 죽게 될 것이다. 만약 그들이 과거의 사냥법대로 땅에서 사냥하는 것을 고수한다면, 그들은 곧 모든 먹이를 먹어버릴 것

*"허버트 스펜서에 의해서 사용된
표현인 '적자생존'은 좀 더 정확하고,
자연선택만큼이나 편리한 표현이다."*

**허버트 스펜서(1820~1903)**
"적자생존"을 사회에도 적용할 수 있다고
처음으로 제안한 사람이다.

## 적자생존

경제학자인 허버트 스펜서는 「*종의 기원에 대하여*」를 읽고 나서
이 책의 내용들을 그가 1864년에 쓴 「*생물학의 원리*」에 인용하
였다. 그는 다음과 같이 기록하였다. "나는 다윈이 말한 생존 경
쟁에서 더 우수한 종만이 보존되는 메커니즘 혹은 '자연선택'을
표현하기 위해서 '적자생존'이라는 용어를 쓴다." 다윈은 스펜서
의 용어를 굉장히 좋아해서 이 용어를 자신의 책의 5판, 6판에 사
용하였다. 그러나 현대의 진화 생물학자들은 '자연선택'이라는
용어를 더 선호한다. 왜냐하면 '적자'라는 용어의 정의는 환경이 어
떤 특성을 선호하는지에 대해서는 판단이 불가능하고 게다가 "적자
생존"이라는 용어는 동의어가 중복된 것이기 때문이다. 생존이라는
용어가 이미 적자라는 것을 함축하고 있다.

이고, 굶주려서 죽게 된다. 반면에 그들이 새로운 사냥법이나 새로운 생존
전략을 찾아내려고 한다면, 그들은 다양화에 대한 압박을 받게 된다. 조상
종이 평평한 땅에서 돌아다니며 사냥을 하고 신선한 먹이를 얻는 것에 익
숙해 있었다면, 그 조상종의 후손들은 돌산을 오르거나, 나무를 타거나, 썩
은 고기를 먹는 법에 적응해야 할 것이다. 다윈은 이와 같이 수세대가 지
나고 나면, 그가 만든 가상의 네발 동물은 새로운 환경에 의해 계
속 다양하게 변화하여 조상종의 먼 후손들은 전혀 다른 종
인 것처럼 보이게 될 것이라고 주장했다.

다윈은 다음과 같이 말했다. "변화의 한계는 없
다. 아름다움에 대한 한계도 없으며, 한 종과 다른 종
이 굉장히 오랜 시간 동안 자연 선택의 영향을 받고
이렇게 모든 생명체들이 서로 영향을 미치며 적응해
나감으로써 생기는 복잡성에도 한계가 없다."

다윈의 이론은 공작의 꼬리와 같이 겉으로
보기에 기묘한 특성도 설명할 수 있었다.
그러나 월러스는 이 설명에 대해 의구심을
가지고 있었다.

# 자연은 비약적으로 변하지 않는다

다윈은 그의 이론이 여러 방면의 사람들로부터 비판을 받을 것을 알면서도 「종의 기원에 대하여」의 일부분을 그의 이론의 문제점을 논의하는 것으로 할애했다. 그는 성경의 창조론을 믿지 않았기 때문에, 과거에 생성된 화석 기록과 생물학, 지질학의 학문분야를 접목하여 과도기적 변이를 설명하려고 했다. 다윈은 자신의 이론을 시험하려는 시도들을 미리 방지하기 위해서, 정말로 복잡한 기관이라고 볼 수 있는 사람의 눈을 자신의 이론으로 설명하였다.

다윈은 자신의 자연선택 이론에 많은 후속 연구와 보충자료가 필요하다는 것을 알았다. 그는 연구 가능한 분야의 윤곽을 잡기 위해서, 또 어떻게든 꼬투리를 잡고 그를 비난할 비평가들을 미연에 방지하기 위해서 명백한 탐구 영역을 예언하고자 했다.

## 과도기적 변이들

다윈이 생각하기에 자신의 이론의 문제점은 존재하지 않거나 굉장히 희귀한 과도기적 변이들이었다. 만약 종이 오랜 기간 동안 계속된 작은 변화들로 분기된다면, 자연계에는 그런 발전의 중간 단계에 해당하는 증거가 광범위하게 있어야 하는 것이 아닌가?

다윈은 중간형의 변이체들이 더 적응된 후손종에 의해 자리를 빼앗긴 후 빠르게 멸종했을 것이라고 설명했다.

"내 이론에 의하면 이 동류의 종들은 하나의 조상에게서 나온 후손이다. 변이의 과정이 진행되는 와중에 각각의 생물은 자신이 사는 지역의 조건에 적응하고, 기존의 조상종과 과거와 현재의 중간 형태를 띤 과도기적 변이를 가지고 있는 종을 밀어내고 절멸시킨다."

다윈은 20년 전부터 이 문제에 대해 고민해왔다. 그가 비글호 항해를 마치고 돌아온 직후에 적은 메모에는 이 문제에 대해 그가 산호초에 빗대어 설명한 것이 적혀 있었다. 산호초는 표면에 가까운 곳에서만 살아갈 수 있다. 이를 위해서는 기존 세대가 죽어서 석화되어야만 한다. 이와 같이 생명의 나무는 "죽은 가지에 기반을 둔 살아있는 산호충이라고 불릴 수 있다. 그렇기 때문에 변이하는 과정을 볼 수는 없는 것이다."라고 기록했다. 이와 비슷하게 과도기적 변이에 대해 서술한 단원에서, 그는 과도기적 변

다른 딱따구리가 보호색을 진화시킨 반면에 일부 딱따구리들은 색상이 화려한 깃털을 진화시켰다.

> *"만약 작고 사소한 변이가 연속적으로 무수히 많이 일어남으로써 생성될 수 없는 복잡한 기관이 존재한다고 한다면, 내 이론은 완전히 무너질 것이다. 그러나 나는 그런 사례를 찾아볼 수 없었다."*

이의 사례는 눈에 보이지 않는 곳에 감춰져 있을 것이라고 지적했다. 그는 눈으로 보이는 현재의 세계는 과도기적 변이를 관찰하기에 적합한 장소가 아니며 대신 화석상의 기록에서 덜 형성된 날개, 덜 발전된 손을 가진 원숭이, 느리게 달리는 호랑이들을 찾아 볼 수 있을 것이라고 설명했다.

## 흉내낼 수 없는 완벽함

또한 다윈은 그의 이론이 더욱 신뢰성을 갖기 위해서는 박쥐가 날개가 없는 조상형에서부터 진화되어 왔다는 것을 설명해야 한다는 것을 알고 있었다. 다윈의 이론으로 호랑이 근력이 증가하여 사냥 능력이 증가한다는 것을 설명하기는 쉽다. 그러나 다윈의 이론으로 비행과 같이 좀 더 복잡한 특성이나 극도로 복잡한 기관의 진화를 설명하기 위해서는 매우 긴 시간이 필요했다.

"자연선택이 한편으로는 그다지 중요성이 없는 기관, 예를 들면 파리를 쫓는 역할을 하는 기린의 꼬리와 같은 기관을 생산해내면서 다른 한편으로는 눈과 같이 우리가 완전히 이해하지도 못한 흉내낼 수도 없는 완벽한 기관까지도 생산해낸다는 것을 믿을 수 있겠는가?"

다윈은 라틴어로 Natura non facit saltum라고 적었다. 이것은 "자연은 비약적으로 변화하지 않는다."는 의미이다. 그는 눈을 예로 들어, 눈은 정말 단순히 빛에 반응하는 신경에서 시작하여 결국에 시신경, 망막, 원추세포, 간상세포, 그리고 궁극적으로는 포유류의 눈 모양까지 진화되어 왔다고 설명했다. 다윈의 이 같은 설명은 이해하기가 쉽지 않아 지금까지도 비평가들을 괴롭히는 문제가 되었다.

다윈은 만약 눈처럼 복잡한 기관을 설명할 수 있다면 틀림없이 이보다 복잡하지 않은 기관들도 설명할 수 있다고 주장했다. 다윈은 또한 사람의 폐는 처음에 물속에서 사용하는 부레에서 진화되었다고 설명했다.

또한 다윈은 이론가들에게 형질이 생성되는 것을 설명할 가능성이 있는 이유들을 다양하게 고려해 볼 것을 요구했다. 녹색 딱따구리가 녹색을 띠는 것은 위장을 위한 것이다. 그러나 녹색 딱따구리가 포식자로부터 몸을 숨기는 특성을 물려받는 대신에 다른 딱따구리는 화려한 깃털을 진화시켜 성선택을 받기 쉽도록 진화되었다.

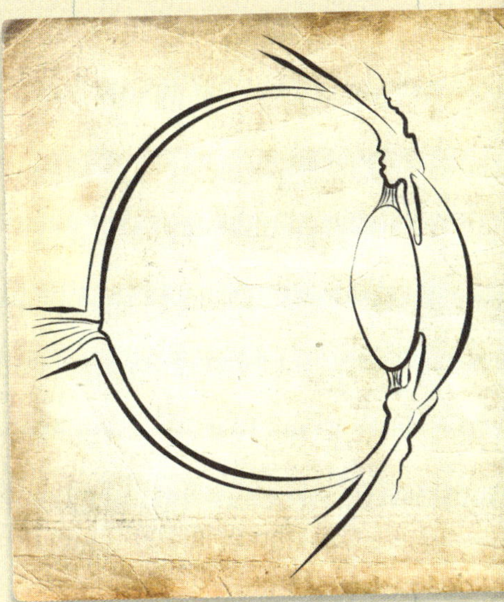

다윈은 사람의 눈처럼 복잡한 기관도 자연 선택 이론을 통해 설명될 수 있다고 믿었다.

# 지질학적 기록

다원은 지질학적인 기록을 이용하여 자신의 가설을 지지했고, 지질학적인 기록을 자신의 주장의 근거로 삼는 것이 가진 "약점"을 그의 이론의 문제점의 하나로써 논의했다. 그는 우점종이 갑자기 변하는 것은, 자연선택을 통해 충분히 강한 장점들을 개발한 종일지라도, 짧은 시간 내에 다른 경쟁자들에게 대체될 수 있다는 것을 명백히 보여주는 것이라고 주장했다.

**"(이렇게 퇴적층이 쌓이기 위해서는)얼마나 많은 시간이 필요했을까!"**

종교계에서 다원의 주장이 옳기 위해서는 충분한 시간이 필요하지 않겠느냐는 질문을 할 것이 확실했기 때문에 다원은 다시 지질학의 문제로 돌아왔다. 그는 비평가들도 틀림없이 동의할 만한 사실에서부터 설명을 시작했다. 다원은 영국의 해변을 따라 걷는 누구라도 연안이 굉장히 천천히 부식되고 있는 것을 볼 수 있을 것이라고 지적했다.

"누구든지 바다를 수년 동안 관찰한다면, 암석이 부서져 새로운 침전물을 생성해 내는 것을 볼 수 있을 것이다. 그리고 바다를 관찰하던 사람이 시간의 흐름에 대해 이해하고 싶어가기도 전부터 시간이 흘렀다는 증거들은 이미 우리 주변에 있었다." 다원은 모든 사람들이 바다의 움직임이 해변의 모양을 바꾼다는 것에 동의할 수 있을 것이라고 주장했다. 심지어 조수는 "겨우 하루에 두 번" 바닷가 암석을 덮지만, 그것 또한 절벽을 깎아 들어갈 수 있고 새로운 침전물을 만들어낸다.

다원은 그의 친구인 찰스 라이엘을 비롯한 지질학자들의 발견을 끌어들여, 서로 다른 퇴적암층이 함께 존재할 수 있다는 것을 설명했다. 고생대의 지층은 17,420m만큼 누적되어 있고, 그 위의 지층은 4,020m만큼 축적되어 있으며 제3기의 지층은 682m만큼 퇴적되어 있다. 영국 내부에서만 해도 화석 기록을 찾아 볼 수 있는 층이 22,123m나 된다. 다원은 이미 책을 읽고 있는 독자들에게 조수의 작용이 얼마나 느린지를 상기시켰기 때문에, 그만한 광대한 퇴적층이 쌓이기 위해서는 얼마나 오랫동안 조수의 영향을 받아야 할지를 추측해 보라고 부추겼다.

다원은 미시시피 강에 180m의 퇴적물이 쌓이기 위해서는 약 백만 년이 걸린다는 가정을 덧붙였다. 그러면서 그는 이 퇴적층들을 아무리 보수적으로 계산을 해도 세상은 수천 년, 수백만 년 동안 존재한 것이 아니라 수십억 년 동안 존재했다는 증거가 된다고 여겼다.

## 병렬성

다원은 누군가는 그에게 그가 병렬성에 주목하지 않았다고 지적하리라는 것을 예상했었다. 병렬성이란 서로 다른 지역에서 동일한 동물이 생성되는 것을 의미한다. 다원은 비록

**당시에는 이 세상의 나이가 수천 년 밖에 되지 않았을 것이라는 믿음이 널리 퍼져있었다. 그러나 다원은 암석에서 발견되는 지층들이 세상의 나이가 실제로는 훨씬 많을 것이라는 주장의 증거라고 지적했다.**

# "역사적으로, 연속되는 각 기간의 생물들은 이전에 살아가던 생물들을 무찔러왔다."

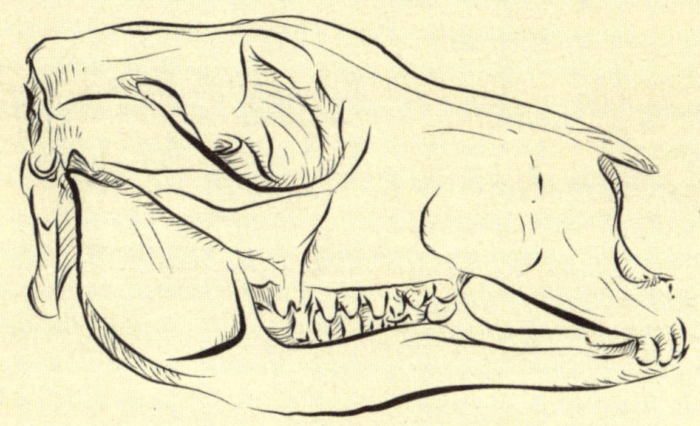

다윈의 이론은 한때 유럽에서 번성했었던 유대류의 두개골과 같이 이례적으로 보이는 화석 기록들로 뒷받침되었다.

새들이 동시에 전 세계에 뿌려진 것처럼 보일지라도, 그것은 변화가 지질학적 시간으로 볼 때 매우 짧은 시간 동안 발생하기 때문이라고 설명했다. 새들은 그저 전 세계에 있는 각각의 지역에서 한 번씩 진화하게 되며, 그들이 진화하는 동안에도 그들의 후손종들은 상대적으로 짧은 시간 동안 넓고 멀리 퍼져나간다.

또한, 지질학적 기록은 자연 과학자들에게 세계가 영구적인 변화 상태라는 것을 알려주었다. 같은 종류의 물고기가 서로 멀리 떨어진 호수에서 발견된다면, 이 호수들이 아주 옛날에는 하나로 합쳐져 있었을지도 모른다는 것이다. 다윈은 내륙에 있는 아랄해와 카스피해에 멀리 떨어져 있는 마데이라의 조개와 비슷한 조개가 서식한다는 점에 주목했다. 아마 아랄해와 카스피해는 광대한 바다의 한 부분이 아니었을까?

군이 다윈의 이론을 반박하는 것에 집착하지 않더라도, 지질학적인 증거들은 세계가 영구적인 변화 상태라는 사실을 지지하는데 사용된다. 예를 들어, 화석 기록을 보면, 현재에는 오스트레일리아에만 번식하는 유대류가 과거에는 북반구인 유럽에서도 번성했었음을 알 수 있다.

다윈은 특별한 원인을 설명하려는 시도는 하지 않았다. 예를 들어 그는 공룡이 어떤 대격변에 의해 멸종했는지에 대한 이론은 제시하지 않았다. 대신에, 그는 그저 공룡이 번성했을 당시의 환경 조건에서 무언가가 변화하였을 것이라고만 설명했다. 상대적으로 짧은 시간 안에, 거대한 파충류의 화석은 작은 포유류의 화석으로 대체되었다. "적자생존"이라는 간단한 용어가 의미하는 특정 지역에서의 "적합함"은 빠르고 신속하게 변화했고, 그에 따라 한때는 선호되었던 우점종은 더 이상 이 지역에 적합한 것이 아니게 되었다.

화석 기록은 아랄해와 카스피해가 한때는 더 큰 바다의 일부분이었다는 사실을 암시한다.

# 지리적인 분포

다윈이 자신의 이론을 고수한지 수년이 지난 후에 그는 그의 가설들 중 일부를 테스트해볼 수 있는 좋은 기회를 잡았다. 그는 단순히 특정 작은 요소에 대해 이론을 세우기만 하는 대신에, 자신만의 방법으로 실험을 수행하고 기존에 존재했던 작지만 유의미한 데이터들을 결합시켜 통합적인 이론을 세웠다. 다윈의 이론 중에서 동료의 연구에 근거하여 주장한 개념은 아주 일부분에 불과했다.

다윈은 마치 식물의 종자들이 물에 의해 새로운 섬의 물가에 도달하듯이, 생물들이 "우연한 방법들"로 이주하게 된다고 설명했다. 그는 어떤 식물학자도 종자가 바다를 건너왔을 때 갖는 발아의 어려움에 대해서 연구한 적이 없다는 사실에 대해 굉장히 놀랐고, 그 스스로가 이 문제를 해결하기 위해 실험을 수행했다.

서로 다른 변이를 보이는 87가지의 종자를 28일간 소금물에 담가둔 결과 이들 중에서 64개의 종자가 이 호된 시련 속에서도 살아 남아 뿌리를 내리고 성체가 될 수 있다는 사실을 발견했다. 종자들을 6개월 동안 담가두었을 때도 비슷한 숫자가 살아남았다.

다윈은 식물들과 가지들, 줄기들, 과일들을 가지고 그들의 부력을 측정하여 그들이 바다 위에서 얼마나 떠다닐 수 있을 지에 대한 후속 연구를 수행하였다. 다윈은 개암이나 아스파라거스 같은 종자가 잘 익은 상태에서는 물에 뜨지 못하지만, 건조되었을 때는 놀랄 정도로 항해하기에 적합해지고 여전히 발아가 잘 된다는 사실을 발견하고는 즐거워했다.

다윈은 그가 연구한 대상들 중 14퍼센트가 바다를 한 달 동안 항해할 수 있고, 그 뒤에 새로운 해변에 정착하여 싹을 틔울 수 있다고 결론 내렸다.

다윈은 자신의 선구자적 연구를 기반으로 한 연구들을 바탕으로 가상의 섬에 살고 있는 식물들은 바다에 떠밀려 가든, 다른 대행자에 의해 옮겨지든 간에 1,450km가 떨어진 다른 섬까지 이동하여 발아할 수 있다고 추측했다.

다윈은 또한 종자를 운반하는 다른 방법으로 종자를 먹고 다른 곳에서 분비해내는 새를 생각하였다. 이미 런던의 동물원에서 수행된 실험이 올빼미가 먹고 나서 게워낸 종자가 여전히 발아할 수 있다는 것을 보여주었다.

"2개월간의 과정을 거쳐서 나는 내 정원에 있는 작은 새들의 분비물에서 12종의 종자들을 모았다."

# 분산의 방법

　　다윈은 기후가 변하면 종들이 환경에 새롭게 적응해야 하는 압박을 받을 뿐만 아니라 철에 따라 이동하는 종들이 오래 전부터 사용해왔던 길이 사라질 가능성이 있다는 사실에 흥미를 가졌다. "날씨가 변하여 이주에 대한 압박이 심해지는데, 이주가 불가능하다면 생물체들은 얼음을 건너거나(태생적으로 바다에 사는 생물이라면) 홍수를 통해서라도 동안 다른 곳으로 이동해야만 할 것이다."이러한 가능성을 논의하는 가운데, 다윈은 본의 아니게 에드워드 포브스의 이론을 참고하였다. 포브스는 한때 육교가 섬들을 연결하고 있었으며 지금은 그 육교가 잘려나갔다는 주장을 한 사람이다. 아마도 바다의 수위가 지금보다 낮았던 빙하기에 동물들은 수위가 낮아지기 전에는 바다였을 곳을 걸어서 이동하여 새로운 서식장소를 찾거나 혹은 이동하지 않고 그들이 기존에 서식했던 장소의 새로운 환경 조건에 압박을 받아 새롭게 적응하였을 것이다. 이러한 이론은 1859년에 이미 제기되었던 것이고 심지어 찰스 라이엘은 1830년대에 반쯤 장난으로 지질학이 아틀란티스의 존재 가능성에 대한 새로운 증거 비슷한 것을 찾아냈다며 아프리카와 남미를 연결 지었던 적이 있었다. 그러나 포브스의 주장에는 "모든 외딴 섬들은 최근까지도 대륙과 연결되어 있었다."는 것이 함축되어 있었기 때문에, 다윈은 포브스의 결론에 대해서 의구심을 가지고 있었다. 대륙이 떠다닌다는 생각과 현대의 판 구조론은 다윈이 죽고 나서도 한참 후에야 과학적으로 정립되었다.

**과학자인 에드워드 포브스(1815~54)**
육교로 연결되어 있었던 섬들은 결과적으로 가라앉는다고 주장했다.

> *"물론, 나는 책에서 내가 이 관점을 독립적으로 획득했다고 언급한 적은 전혀 없다."*

　　다윈은 삶의 끝 무렵에 자신이 자연선택 이론을 1839년 즈음 착상해서 20년이나 늦게 발표한 것에 대해 "잃은 것은 전혀 없고", "얻은 것은 많다."고 이야기 하곤 했다. 다윈이 단 하나 아쉬었던 것은, 자신이 발표를 늦게 했기 때문에 에드워드 포브스가 "다윈이 내가 출판했던 것과 동일한 이론을 출판하였다."고 비난하는 것을 내버려 둘 수밖에 없었던 점이다. 다윈은 개인적인 기록에 부질없는 짓이긴 하지만 포브스가 그의 이론을 발표하기 전에 이미 포브스와 같은 생각을 하여 후커에게 편지를 보낸 것이 있었다는 변명을 남겨 두었다(월러스에게 했던 것과 비슷한 경우였다). 다윈이 한 말에 포함된 "물론"은 1854년에 30대의 나이로 죽은 포브스에 대한 유감을 표시하기 위한 것인 동시에 포브스의 과학적 유물에 대한 소유권을 주장을 하는 것이 신사답지 못해 보이는 것을 유념한 것으로 보인다.

> *"기후 변화는 분명 이주에 큰 영향을 주었을 것이다."*

# CHAPTER SEVEN

# 갈채와 비판

# 지독한 이단 이론

「종의 기원에 대하여」의 출판에 따른 반응은 엇갈렸다. 무신론자나 회의주의자들은 다윈의 이단 이론에 대해서 관용적이었다. 그들은 다윈의 대담한 주장을 읽고 의기양양해진 반면, 대부분의 종교 세력들은 기겁을 하였다. 하지만 몇몇 기독교인들 가운데에는 그래도 진화과정의 설계자가 신이며, 다윈의 이론까지도 신의 해석에 부합된다고 주장하며 다윈의 이론을 받아들이는 경우도 있었다.

다윈은 그의 이론에서, 인간 종의 기원에 관한 암시가 공론화 되는 것을 피하려고 노력했다. 하지만 많은 비평가들은 그 관점으로 다윈의 책을 이해하고 읽었다. 학술협회에서는 다윈을 「창조의 자연사적 흔적」을 지은 이름 모를 신참작가일 뿐이라고 무시하였으며, 그의 주장에 의하면 암묵적으로 "사람은 원숭이로부터 왔다."라는 결론에 이르게 된다며 비꼬았다. 비판적인 여론이 가열되는 가운데 다윈의 이론은 격렬히 논의되었다. 흔적들은 적어도 어느 정도는 대중에게 다음 책을 맞을 마음의 준비를 시켰을 것이다. 사실 다윈과 그의 출판자들은 이렇게 책이 많이 팔리는 현실을 놀라워했다. 대중 스스로가 자신들의 주장을 펴기 위해 구입한 책 판매 부수를 보았을 때, 다윈의 책은 학문영역에서 뿐만 아니라 대중사회에서도 성공을 거뒀다고 볼 수 있다. 다윈의 친구들의 대부분은 그를 열성적으로 지원을 해 주었기 때문에 다윈은 그들에게 의지할 수 있었다. 그는 찬성을 유도하는 서한을 보내고, 자신이 쓴 책의 초판을 먼저 주는 방식으로 친구들의 호의를 얻었다. 우연히 발생한 일들이 다윈의 성공을 돕기도 했다. 때마침 런던의 타임즈가 다윈의 친구 토마스 헉슬리를 논평가로 임명하였고, 토마스 헉슬리는 다윈의 책을 극찬하였으며, 다윈은 헉슬리를 '지독한 이단이론'을 위한 믿음직한 지원군이라고 칭했다.

토마스 헉슬리
1825~95

## 신랄한 풍자

「공산당선언」의 공동 저자인 칼 마르크스 (Karl Marx)는 신성한 창조자를 완전히 무시하는 다윈의 세계관을 알게 되어 기뻐했다. 또한 자연 세계가 생존을 위한 끊임없는 전장이라는 제안에 흥미로워 하였다. 마르크스는 "나에게 다윈의 책은 역사의 계층 갈등을 해결하기 위한 자연과학적 기반이 된다는 점에서 중요하다."고 엥겔스에게 이야기 하였다. 마르크스와 엥겔스는 이후에 「자연의 변증법」을 함께 저술할 때 「종의 기원에 대하여」를 철저히 분석하고, 자신들의 역사적 접근을 위해 다윈의 책을 참고하였다. 엥겔스는 "다윈은 자신이 인류에 대해 쓴 부분이 얼마나 신랄한 풍자인지 알지 못하고 있다. 다윈은 경제학자들이 놀라운 연구 성과라고 이야기 했던 자유 경쟁, 생존을 위한 투쟁들과 같은 것들을 동물계에서의 일반적인 상태라고 이야기 했다."고 말했다. 다른 이들은 전혀 다른 이유들로 다윈의 책을

칼 마르크스
1818~83

"우리의 조상은 부레와 수영을 위한 꼬리, 미완성의 두개골을
지니고 있었으며, 틀림없이 자웅동체성을 지니고 있었다.
이것은 명백한 인류의 계통학이다."

마음에 들어 했다. 작가인 찰스 킹즐리는 다윈이 성
경 대부분의 내용을 절대적으로 묵살하는 것에 전
혀 놀라지 않고, 다윈에게 열성적인 편지를 보냈다.
킹즐리는 "나는 생물이 필요에 따라 스스로 변할 수
있도록 창조된 것은 신의 뜻이라고 생각한다."라고
서술했다. 다윈은 종교 권력의 분노를 누그러뜨리
기 위해 개정판에서 위의 킹즐리의 문구를 삽입했

찰스 킹즐리
1819~75

다. 이러한 다윈의 노력에도 불구하고, 모두를 만족시키는 것은 불가능하였
다. 몇몇 사람의 눈에는 이 책에는 이미 종교적인 부분이 포함되어 있는 것
으로 보였다. 에라스무스 다윈의 옛 애인이었던 해리엇은 다윈의 책을 좋아
하였다. 하지만 신이 전 만물의 창조과정을 시작했다는 가능성을 부정하고,
신에 대해 조금도 언급하지 않은 다윈의 행동을 보
고 "불쌍하다."고 언급했다. 그녀는 "나는 찰스 다
윈이 진화의 과정을 일으킨 제1원인을 '창조주'라
고 부를 기회가 몇 번이나 있었는데도 '창조주'라는
단어를 사용하지 않았다는 사실이 유감이다."라는
기록을 남겼다. 한때, 다윈의 학교 동료였던 지리학
교수인 아담 세드윅은 다윈에 대해 비판적 반응을

해리엇 말티뉴
1802~76

보였다. 그는 "책을 읽으면서 기쁨보다 슬픔을 더 많이 느꼈다. 나는 그의
이론을 일정부분 인정한다. 하지만 다른 부분을 읽으면서는 슬픔을 느꼈다.
왜냐하면 그 부분에서 다윈은 완전히 오류를 범하고 있었고, 바람직하지 못
한 생각을 가지고 있기 때문이다."

다윈은 단지 편지로만 논쟁에 참여하였다. 다윈은 지병을 가지고 있었
기 때문에 공식적인 논쟁석상에 나오지는 않았다. 전국의 모든 과학자들이
회의와 학회지 속에서 다윈의 지지자들과 반대자
들로 나누어졌다. 다윈이 그의 연구와 실험을 계속
하는 가운데, 「종의 기원에 대하여」의 학술적 수명
은 늘어났다. 이어지는 몇 년 동안 이 이론은 학술
적 "생존 경쟁"을 치르며 이론의 지위를 지켜갔다.

아담 세드윅
1785~1873

# 공기 방울로 만든 줄

「종의 기원에 대하여」가 출판 된 지 5년이 지난 후, 이 책의 내용과 관련된 책들과 소논문들이 400종 이상 출판되었다. 이러한 여러 출판물들은 다윈의 결론에 관해서 논쟁을 하고 있었다. 그 중에서 제일 영향력이 컸던 출판물로는 다윈을 지지하는 대범한 기독교인들이 「평론과 논평」에 게재한 글이 있다. 한편, 이 글 때문에 영국에서는 이미 문자 그대로 성경을 해석하고 있는 현실에 의문을 가지고 있던 성직자들 사이에, 기존 해석에 반하는 새로운 논의가 일어났다.

기독교 책자인 「크리스천 옵저버」의 한 평론은 선택번식이 가축 사육에 있어서 막대한 영향을 끼칠 수 있다는 사실을 인정했다. 하지만 이 또한 신이 선택번식을 하도록 만들었기 때문에 가능한 사실이라고 주장하였다. 한 종의 변종이 계통적으로 가까운 종의 형질로 변하는 유사변이 또한 야생에서는 일어날 수 없다고 주장하였다. 왜냐하면 유사변이 자체가 "자연적"이지 않다고 생각했기 때문이다. 아담 세드윅은 또 다른 반대 의견을 학회지 「스펙테이터」에 기고했다. 그는 "다윈이 제시하는 이론에서의 각각의 사실들은, 가정들로 이루어진 한 가지 잘못된 법칙으로 반복적으로 묶여 있다. 공기 방울로 만든 줄로는 좋은 밧줄을 만들 수 없다."고 항의하였다. 그는 캠브리지 대학교 학생들에게 「종의 기원에 대하여」를 "가설적인" 것으로 간주하는 논평 질문을 제시하는 방식으로 다윈과 싸웠다. 토마스 울라스톤은 자연사에 대한 연보과 잡지에서 다윈이 종이 무엇인지도 모른다며 비판하였다. 「영국의 계간지」는 원숭이가 품위 있는 영국 여인에게 청혼하는 날이 올 것이라고 하면서, 일부러 문제를 야기 시켰다. 아마도 제일 잔인했던 것은 「펀치」에 나온 팻말을 목에 단 고릴라가 그려진 만화그림이었을 것이다. 일부러 웨지우드 선조들의 반노예 감정을 조장하는 이 그림에서, 고릴라가 메고 있는 팻말에는 "나는 사람입니까? 형제 입니까?"라는 글이 적혀 있었다. (109쪽 참조)

*" - -를 비롯해서, 다른 사람들에게 미움을 받는 것은 너무나도 고통스러운 일이다."*

## 다윈의 기사직

작가 찰스 번팅에 의해 다윈은 수상이었던 파머스에 의해 1960년 여왕의 명예수상자명단에 추천되었다. 하지만 그의 추천은 옥스퍼드의 주교 사무엘 윌버폴스를 포함한 종교 조언자들에 의해서 파기되었다. 다윈의 일대기를 연구하는 몇몇 학자들은, 수상이 파기된다는 말은 종교 권력과의 불화로 다윈이 기사직을 받을 가능성을 상실했다는 것을 의미한다고 이야기 하였다. 그러나 번팅은 1974년 제출한 그의 요구에 아무런 증거자료도 제시하지 않았었다. 만약 다윈이 종교 권력과의 불화로 기사직을 받지 못했다는 것이 사실이라고 하더라도, 다윈은 자신의 책이 출판된 지 한 달 만에 기사직을 받을 것이라는 생각은 전혀 하지 않았을 것이다. 기사직보다 조금 아래 단계의 훈장을 바랐을 수는 있지만 말이다.

팔머스톤 영주
1855~8년 그리고
1859~65년에 영국의 수상이었다.

"런던사람들은 그가 수많은 사람들이 내 책에 대해서 이야기
하고 있는 것에 질투가 나서 미쳐버린 것이라고 했다."

## 과학의 남용

　　다윈을 가장 괴롭혔던 글은 「에딘버그 논평」에 실린 익명의 논평이었
다. 그 논평은 다윈을 조롱하고 그의 친구 리처드 오웬과 비교하였는데, 다
윈에게 더 불리한 방식으로 비교하고 있었다. 하지만 결국은 다윈이 친구
로서 여기고 있던 오웬이 스스로 그런 논평을 썼다는 것으로 드러났다. 오
웬은 다윈의 수많은 독자들이 대영박물관에 찾아오고 "책에서 나온 비둘
기"를 보여 달라는 요구에 짜증이 났다. 마치 다윈 이외의 일반 자연사 전
시관은 차단이라도 된 것처럼 아무도 없었다. 오
웬은 변이라는 개념을 몹시 싫어했으며, 다윈의
이론을 '과학의 남용'이라고 여겼다. 다윈은 "런
던사람들은 그가 수많은 사람들이 내 책에 대해
서 이야기 하고 있는 것에 질투가 나서 미쳐버린
것이라고 했다."고 적었다. 오웬에게 화가 난 다
윈은 몇몇 편지들에서 오웬의 이름을 쓰지 않고
대시 기호 두 개(--)로 오웬의 이름을 나타냈다.

## 그리스도를 거역한 일곱 명

　　예상치 못했던 진영에서 다윈의 지원군이 나
타났다. 1860년 3월의 「평론과 논평(Essays and
Reviews)」을 보고 7명의 자유 성직자들이 그의
지원군이 된 것이다. 옥스퍼드의 기하학 교수인
베이든 파월은 다윈의 이론이, 변이의 장치의
"법칙제정자"로서 신이 개입할 여지를 지니고 있

**사무엘 윌버포스**
옥스퍼드의 주교
디스라엘리가 "종잡을 수 없
고, 교활하며, 신용할 수 없는
사람이라고 묘사했기 때문에
신용할 수 없는 샘이라는 별
명을 갖게 되었다.

"주교들의 석좌는
악마의 꽃밭이다."

다고 주장하였다. 옥스퍼드 대학교의 그리스어학과 교수 벤자민 조엣에 의
해 제시된 논문은 더 큰 논쟁을 불러 일으켰다. 조엣은 다윈을 반대하는 진
영 사람들의 대부분은 성경을 문자 그대로 해석하는 낡아빠진 믿음을 가지
고 있다고 주장했다. 독일에서는 또 다른 방식의 비유적인 해석이 몇 년간
지속되었다. 하지만 독일에서의 해석은 영국 대중들에게는 잘 알려지지 않
았고, 한참 뒤에 논쟁의 폭풍을 몰고 오게 된다. 이들의 논문들과 평론들은
「종의 기원에 대하여」의 초판보다 더 많은 부수가 판매 되었다.

　　저자들은 이단 이론을 두둔한다는 이유로 고소당했다. 그리고 옥스포
드의 주교인 사무엘 윌버포스는 켄터베리의 대주교와 25명의 주교단에 의
해 승인된 편지를 타임즈에 보냈다. 그들은 편지에서 다윈을 두둔한 7명의
저자들을 "그리스도를 거역한 일곱 명"으로 신랄하게 풍자하였다.

# 다윈의 충견

다윈이 병 때문에 시골변방에 있긴 했지만, 다윈의 주장은 그의 강력한 대변인인 토마스 헉슬리에 의해서 대중에게 효과적으로 전달되었다. 토마스 헉슬리는 다윈의 이론을 전적으로 신뢰한 사람으로서 과학자들과 종교 세력들 앞에서 다윈의 주장을 옹호했고, 이 때문에 "다윈의 충견"이라는 별명이 붙게 된다. 종의 기원 진영의 진정한 주인공은 연약한 다윈이 아니라 헉슬리였던 것이다.

토마스 헨리 헉슬리(1825~95)는 다윈과 신념이 잘 맞는 과학자였다. 대부분의 학문을 독학으로 배웠으며, 교사의 아들로서 몇 명의 의사 밑에서 견습생으로 있었다. 그리고 HMS 레틀 스네이크 호의 보조 의사로서 다윈이 비글호를 탔던 것과 비슷하게 남태평양을 항해하였다. 그는 항해를 마치고 마인스 귀족학교의 자연과학 교수(현재 런던의 임페리얼 대학)로서 재직하게 된다.

## 옥스포드 논쟁

헉슬리의 성과 중에 가장 유명한 것은, 1860년 6월에 있었던 옥스퍼드 대학교 박물관에서 일어난 "옥스퍼드 논쟁"을 들 수 있다. 변론과정을 기록한 완전한 전사본은 없으나 가장 유명한 변론 순간들은 관객들에 의해서 편지나 기사로 전해졌다. 그렇기 때문에 많은 유명한 주장들과 상대방을 신랄히 조소하는 말들이 각기 다른 형태로 전해지고 있다.

옥스포드의 주교인 사무엘 윌버포스에 대항해서, 이의를 제기하는 진영의 주인공은 다윈의 지지자 헉슬리였다. 사실 이들은 자리에 참석하지 않은 진짜 주인공인 리처드 오웬과 다윈의 지도를 받고 있었다.

윌버포스는 헉슬리를 조롱하면서 "만약 당신이 원숭이 조상으로부터 유래된 후손이라고 생각한다면, 그 기원은 어머니 쪽 조상인가? 아버지 쪽 조상인가?"라고 묻자 헉슬리는 "자유로운 논쟁을 피하기 위해 권력과 카리스마를 사용하는 사람의 친족이 되느니, 오히려 원숭이의 친족이 되는 편이 낫다."고 반론하며 과학이란 학문은 권위에 질문하고, 증거를 검증하는 가운데 발전해 왔다는 것을 상기시켰다.

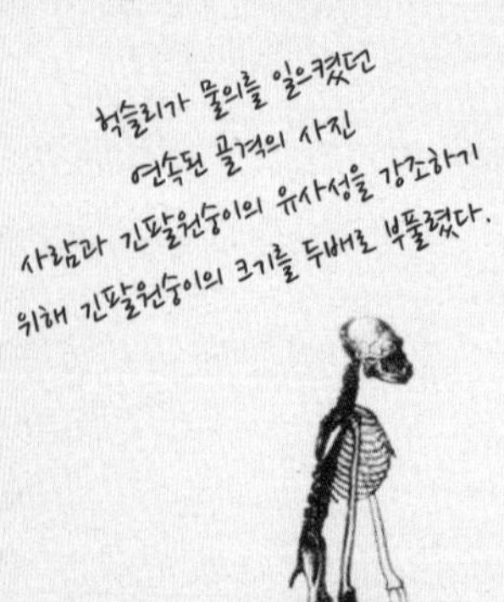

헉슬리가 물의를 일으켰던 연속된 골격의 사진
사람과 긴팔원숭이의 유사성을 강조하기 위해 긴팔원숭이의 크기를 두배로 부풀렸다.

　눈에 띄었던 관객은 비글호의 항해기간 동안 같이 배를 탔던 동료인 로버트 피츠로이였다. 그는 당시에 기상청을 이끌고 있었으며, 날카로운 관점으로 책을 읽고 관객 중 한명으로서 논쟁에 참여하였다. 그는 손에 성경책을 든 채로 일어나서, "사람을 믿기보다 신을 믿으십시오."라고 외쳤다.

# 회백질

　헉슬리는 리처드 오웬을 상대로 편지와 기사들을 쓰며 전쟁을 치렀다. 리처드 오웬은 린네 협회에서 "사람은 고유하고 특별한 뇌 구조를 가졌으므로, 다른 피조물들과는 다르다."는 내용으로 강의를 했었다. 헉슬리는 이 논의를 옥스포드 논쟁으로 가져왔다. 그리고 후에 그의 여러 저서들에서 오웬이 틀렸다는 사실을 증명했다. 헉슬리 자신은 그의 저서인 「자연에서의 인간의 위치에 관한 증거」에서 원숭이와 인간의 뇌의 강력한 관련성을 그려냈다. 뿐만 아니라, 원숭이와 인간의 뼈들이 명백한 유사성이 있다는 사실을 보여주는 상징적 속표지 그림을 삽입했다. 비록 헉슬리가 긴팔원숭이의 그림 크기를 일부러 두 배로 늘려서 사람과 긴팔원숭이의 관련성을 과장하긴 했지만 말이다.

## "몽키아나(Monkeyana)"

–1861년 5월

학회지 「펀치」는 심지어 논쟁을 축하하는 시를 게재하기도 했다.
부분 발췌 :

나는 반인반수일까? 사람일까?
내가 무엇인지 말해주세요.
내 위치를 가늠해주세요.
나는 원숭이의 형상을 한 사람일까
아니면 유인원일까
그것도 아니면 꼬리를 빼앗긴
원숭이일까?

흔적들은 가르치네,
모든 것은 무(無)에서부터
점진적으로 발전해온 것이라고
곤충들과 벌레들은
변이들의 누적을 통해서
더 높은 수준의 생물이 될 것이라고

다윈은 책을 통해
더 값진 길을 개척 했다네.

"자연선택"의 중요성
생존 경쟁과 "특징적 차이"로 인한
결과는 얼마나 경이로운가!

비둘기들에게 그들의 배우자를
스스로 고를 수 있게 하자.
그리고 그들에게 수백만 년의 삶의
시간을 주자.
너는 의심할 여지없이 알게 되지
비둘기의 종류가 바뀐다는 사실을
그리고 비둘기가 예언자나 성인으로
바뀐다는 사실을

헉슬리와 오웬은
경쟁으로 달아오르고,
펜과 잉크로 각자의 의견을 휘갈긴다.
"뇌와 뇌의 싸움"
한쪽이 죽을 때까지의 싸움
분명히 이것은 명승부가 될 거야!

오웬은 말하지, 침팬지의
뇌가 항상 훨씬 작다는 것을

보기만 해도 알 수 있다고
가장 뒤쪽의 머리 끝부분의
"돌출부"가 잘라져서
해마가 전혀 없는 것이라고.

그러면 헉슬리는 대답할 것야
오웬이 거짓말을 하고 있다고,
그리고 라틴어를 혼용하면서 말할거야.
오웬이 말하고 있는 것은 새로운
사실이 아니라고,
그는 실수를 너무 많이 하고 있으며,
그의 주장은 자신의 명성에 해를
입힐 것이라고

"(그래서 헉슬리는 다음과 같은 결론을 맺는다.) 뇌 때문에 이미 죽은 사람을 두 번 죽이는 것은 헛된 일이야. 얻을 것이 없지.
그래서 난 그냥 당신에게 말할거야.
'아듀'!"

# X클럽

다윈은 과학 영역에서 종교 세력을 뿌리 뽑고자 하는 9명의 과학자들의 비공식적 저녁 모임에서 지원을 받았다. 그들은 자연현상을 바라보는 다윈의 반종교적인 견해를 지지하기 위해 가능한 모든 수단을 활용하였다. 1873년부터 1885년까지 X클럽 회원들은 왕립학회의 회장이었다. 그러는 동안에 새로운 과학적 연구들이 다윈의 연구를 지지해주었으며, 심지어는 경쟁자에게서도 다윈의 연구를 지지하는 증거가 나왔다.

토마스 헉슬리는 저녁식사 모임을 하는 사적인 X클럽을 처음으로 만든 사람이었다. X클럽은 매우 유망한 회원들과 반종교적 과학자들로 구성되어 있다. X클럽 회원의 대부분은 왕립학회 소속이었으며 그들의 회의는 왕립학회 회의와 같은 날 동시에 이루어 졌다. 헉슬리가 처음에 의도했던 것은 친구들과 관계를 유지하기 위해 한 달에 한 번 비공식적으로 저녁을 함께 먹는 것이었다. 이렇게 X클럽의 모임은 처음엔 단순한 의도에서 이루어졌다. 그들은 최신 과학 이슈에 대해 사적인 토의를 하기 위해서 알버말 호텔에서 한 달에 한 번 만났을 뿐이다. 헉슬리의 저녁 모임 친구에는 "적자생존"이라는 용어를 만들어 낸 허버트 스펜서와 한때 다윈의 이웃이었던(전 집주인) 존 러벅, 그리고 수학자인 윌리엄 스파티스우드가 있었다. 또 다른 회원으로는 1874년에 공식석상에서 고대 그리스의 원소 이론들 중에서 "지적설계론"을 빼자고 주장한 물리학자인 존 틴달이 있었다. 다윈은 클럽의 지원으로 혜택을 입긴 했었지만 X클럽의 회원은 아니었다. X클럽이 처음으로 성공한 사업은 1864년에 다윈이 코플리 메달을 수여하도록 만든 것이다. 원래 메달을 수여받기로 결정됐던 사람은 아담 세드윅이었다. 하지만, 왕립학회 회장은 이 결정에 노발대발했다. 그리고 다윈의 최근의 논문이 아니라 비둘기, 삿갓조개, 난초 등에 대한 업적들로 다윈이 상을 받도록 만들어주었다.

다윈은 X클럽의 모임에 대게 참석할 수 없었지만, 친구인 후커에게 "나는 좋은 친구들이 많아서 정말 행복하다.", "사람들이 나처럼 다 늙은 노인을 기억해준다는 사실이 감사하다."는 글을 남김으로서 감사를 표현했다. X클럽의 영향력은 1890년대에 약해졌다. 원년 회원들이 은퇴를 하고 새로운 회원을 가입시키지 못하면서 X클럽은 소멸의 길을 걸었다. 회원들이 다른 곳으로 이동하거나, 관계가 틀어지거나, 다른 클럽에 들어가거나 하면서 클럽의 정기모임은 1893년에 끝이 났다.

다윈의 지지자들은 런던의 알버말 호텔에서 한 달에 한 번 만났다.

> *"최근까지 발견된 어떠한 증거도 이처럼 강력하게 새와 공룡의 연결고리를 보여주지는 못했다. 우리는 예전에 살았던 공룡들에 대해 지금도 전혀 모르고 있다."*

## 시조새

　　심지어 다윈의 적들까지도 그들의 의지와 관계없이 다윈을 지지해 주었다. 「종의 기원에 대하여」가 출판된 지 2년이 지난 뒤 독일의 고고학자는 울보겔이라고 불린 1억 5천만년 된 화석을 발굴했다. 그 화석은 대영박물관으로 옮겨졌고 리처드 오웬은 이 화석을 시조새(*Archaeopteryx macrura*)라고 이름 붙였다. 오웬은 새가 이빨을 가지고 있다는 사실의 의미를 완전히 이해하지는 못했을 것이다. 하지만 다윈은 시조새가 도마뱀 같이 긴 꼬리를 지녔으며 각 관절에는 털이 나 있는 것, 또한 날개 끝에는 두 개의 발톱이 있다는 점을 보고, 과거에 찾을 수 없었던 공룡과 새를 이어주는 연결고리라는 것을 알아차렸다. 즉, 종의 변이 이론을 명백히 입증해주는 중간 단계를 확인한 것이다.

　　다윈은 이 발견을 「종의 기원에 대하여」 개정 3판에 추가해 넣었다. 심지어 개정 4판에서는 증오하던 오웬에 대한 내용을 더 추가하였다. 추가한 부분은 다음과 같다. "얼마전까지만 해도 고생물학자들은 모든 새들이 신생대 제3기인 에오세(世) 시대 동안 갑자기 출현했다고 이야기 해왔다. 그러나 최근 오웬 교수의 발표에 의하면 그 이전에 녹색모래의 퇴적물에서 시조새가 살고 있었다는 것이 발견되었다."

시조새가 새와 공룡간의 "잃어버린 연결고리"일 것이라고 주장되었다.

# 산송장

1860년대 중반에 다윈은 그의 오랜 지병이 재발하여 고통 받고 있었다. 이 병 때문에 몇 달 동안 그는 작업을 중단하고 요양해야만 했다. 그동안 윌러스는 협회에서 자체적으로 다윈 이론의 새로운 적용방향을 제시했다. 과학 분야뿐만 아니라, 사회의 도덕성조차도 또한 진화적 기능을 가지고 있었던 것이다. 하지만 다윈은 가족과 사회까지도 진화로 설명하는 이 적용을 좋아하지 않았다.

종의 기원에 대하여에 대한 평판에 따른 스트레스 때문일까? 단순히 운이 안 좋아서일까? 다윈은 다시 지병이 심하게 도졌다. 그의 의사는 다음과 같이 기록하고 있다. "밤낮으로 극심한 발작이 있어나고, 때때로 토한다. 0.8km도 걷지 못하고 만성피로에 항상 괴로워한다. 마차나 기차의 조그만 흔들림도 다윈을 구역질하게 만들고 한 달 동안 침대에만 있던 적도 있었다." 그는 그에게 심각한 소식이 도착해도 여전히 누워서만 지내는 신세였다. 그 소식들 중에 한 가지는 승진에서 제외되어 우울증 발병 중인 오랜 동료선원, 로버트 피츠로이가 병에 걸리고 자살했다는 소식이었다. 그는 「종의 기원에 대하여」가 피츠로이를 죽음으로 내몬 원인 중 하나일지도 모른다는 생각이 들었다.

휴식도 제대로 취하지 못한 채, 다윈과 그의 부인 엠마는 굴리 박사님의 치료를 받기 위해서 다시 한 번 말번에 방문했다. 그의 딸 앤이 죽은 뒤에 도시를 방문한 것은 처음이었던 것이다. 그 둘은 처음으로 딸의 무덤에 갔을 뿐더러, 무성하게 자란 풀 때문에 한참을 찾아 헤매야 했었다. 다윈은 몇 달 간의 휴식동안 침대에만 누워있었고, 너무나 허약해져 신문조차도 볼 수 없었다. 그가 요양기간을 끝내고 런던 과학협회 회의에 참석했을 때, 아무도 그를 알아보지 못했다. 다윈은 크고 더부룩한 턱수염으로 그의 울퉁불퉁하고 험상궂은 얼굴을 가려야 했었다. 다윈은 남은 여생동안 항상 수염을 기르고 다녔으므로 그의 수염은 이 이후로 다윈의 상징처럼 되었다. 다윈은 자신의 허약한 체질이 자식들에게 영향을 주었다는 사실을 계속해서 자책했다. 다윈은 자신의 딸인 앤이 자신에게 물려받은 허약 체질 때문에 죽은 것이라고 생각했다. 그녀의 여동생, 메리는 1842년 태어난 지 1달도 채 못 되어 죽었고, 찰스 주니어는 2살에 선홍열로 죽었다. 살아남은 딸 헨리에타와 아들들조차도 모두 약골 체질을 가지고 있었다. 그 중 엘리자베스는 언어 장애가 있었으며 다윈의 가계도와 편지들에도 거의 나오지 않는다. 아이들이 다윈의 체질을 물려받아 죽지 않았더라면, 다윈의 가계도는 아마도 대가족이었을 것이다.

> ## 다윈에게 무슨 일이?
> 정확히 알 수는 없지만, 병이 다윈에게 큰 영향을 끼친 것은 분명하다. 병을 얻게 된 이유는 몇 가지가 추측되고 있는데, 비글호에서 전염병이 걸렸다는 추측이 한 가지 설로서 전해진다. 몸 컨디션과 상관없이 그는 새로운 지역에 가기만 하면 언제나 병에 걸리기 쉬운 체질이었다. 이 체질은 유전적 특징으로서 그의 자식들에게도 전해졌다. 그리고 이 체질 때문에 앤이 죽었다. 기록에 의거해 현대 의학의 관점으로 볼 때 다윈의 증상은 결장염, 십이지장염, 젖당 과민성 증상, 메니에르 증후군[28], 대인기피증 등의 합병증이었던 것으로 추정된다.

## 공생

알프레드 러셀 월러스는 인류학 협회에서 다윈의 이론을 새롭게 전개하는 방향을 제시했다. 그는 서로 간에 이득을 주는 생물들 간의 "생존경쟁"을 제시했는데, 다시 말해 어떤 조건들에서는 같은 종들이 집단의 이득을 위해 협력하여 공생하는 경우가 있다는 것이다. 이러한 공생은 사회 분야에서도 찾을 수 있는데, 예를 들어 병자들을 위한 사회 복지 혜택을 들 수 있다. 월러스는 여기에서 유럽사회가 과연 약소한 사회가 발전할 수 있도록 도와주었는지 질문을 던진다. 아이러니하게도 교회가 다위니언[29]을 교회에서 쫓아 내기 위해 사용했던 기독교적 가치는 유럽인들이 자신들을 "가장 뛰어난 인종"이라고 주장한 것과 본질적으로 동일한 것이었다.

월러스는 인류학 협회에서 보수 회원들이 문화적 우월감에 호소하는 이론들을 즐기고 있는 행태를 비판했다. 다윈은 "비록 '야만인' 세계의 기준인 '신체적인 강함'이 현재 유럽사회의 기준은 아니지만 유럽 사회에는 다른 방식의 적자 선택의 기준을 필요로 하는 사회이다."라고 이야기했다.

다윈은 월러스와 동일한 것은 아니었지만, 성 선택과 같은 것들이 새로운 변이들을 만들어낸다고 이미 생각하고 있었다. 다윈이 월러스에게 보낸 편지에는 "우리의 사회는 귀족들에게는 허용적이다. 하지만 황인종이나 아프리카 흑인에 대해서는 끔찍한 기준을 적용한다. 귀족사회에서는 여자를 배우자 고르는 것에서도 중산층들에게 가혹한 기준을 가져다 댄다."고 적혀있었다. 다른 문화들은 서로 다른 미의 기준을 가지고 있었다. 다른 의미로 해석하면 그 사회에서 살아남기 위한 적자로서의 기준을 가진 것이다. 공생은 단기적으로는 어떤 개체들을 도와줄 것이다. 하지만 그들이 생존 경쟁에서 다른 개체들을 도와준 것일까? 문명사회는 찰스 다윈을 보호하고 길러 냈으며 새롭고 흥미로운 생각을 마음껏 하도록 이끌었다. 하지만 그 생각이 결과적으로 로버트 피츠로이를 죽인 것일까? 더 나아가서 허약한 체질의 다윈 가문이 적자생존에서 살아남지 못할 자손을 길러낸 것일까? 그의 혈통은 적자생존의 경쟁에서 패배해서 멸종하고 있었던 것은 아닐까?

다윈은 자신의 병을 치료하기 위해서 모든 방법을 다 동원했지만 효과는 별로 없었다.

28) 어지럼증과 청력저하 등의 증상이 있는 질병
29) 다윈의 주장을 따른 사람들

# 새로운 생각의 근원

다윈은 1868년에 부모와 그들의 자손이 어떻게 해서 다른 형태를 가지게 되는지를 설명할 수 있는 새로운 기작을 제시했다. 다윈은 남녀가 결합할 때 그들 각각이 자손에게 많은 수의 "제뮬들" 즉, 유전의 요소들을 준다고 설명했다. 이렇게 건네받은 유전 정보들은 그들의 부모와 닮도록 재조합되는 것이다. 비록 결점이 있는 생각이었지만 이러한 접근은 유전학 초기의 단계에서 나온 생각이기 때문에 더욱 가치가 있었다.

다윈은 논리의 간극을 메우기 위해 자기 스스로 매서운 비평을 하였다. 다윈은 「종의 기원에 대하여」가 진화의 증거들을 충분히 설명하고 있지만, 과학자들이 구체적인 기작을 이해하기 전에는 그의 이론이 명확히 증명되지 못하리라는 사실을 알고 있었다. 예를 들어 다윈의 아이들 중 몇 명은 병에 걸리기 쉽고, 다른 아이들은 병에 걸리지 않는 이유에 대한 해명은 이후에 명확한 기작이 밝혀져야 증명될 수 있었다.

다윈은 자신의 책인 「가축 및 재배 식물의 변이(1868)」에서, 가능성 있어 보이는 해법을 제시했다. 대부분의 과학자들은 미시적 차원에서 관찰했을 때, 체세포가 세포분열을 함으로써 많아지게 된다는 사실을 일반적으로 받아들이고 있었으며, 대중들 사이에서는 한 동물에서 다른 동물로 세포가 이식될 수 있다는 이야기가 전해지고 있었다. 다윈은 모든 세포들이 기본적인 생명 특성과 생명체를 이루는 기본구성요소를 가지고 있으며 뼈, 근육, 살과 같은 몸의 다른 부분들도 각각 하나의 기본적 생명 구성요소를 가지고 있다고 믿었다.

## '제뮬'들

모든 피조물들은 1개의 단세포 알에서부터 자라난다. 그리고 이 알에는 이 알이 다 컸을 때 최후의 형태가 되기 위한 설계도가 들어가 있다. 다윈은 모든 생물체의 체세포들에는 제뮬이라고 불리는 유전 입자들이 퍼져 있다고 제안했다. 두 개의 생물체가 교배할 때, 그들의 조합은 아버지와 어머니에게서 무작위로 결합된다. 그러므로 어떠한 자손이든 아버지와 어머니의 혼합된 특성을 물려받게 되는 것이다.

다윈은 사람의 배아가 자궁에서 초기 진화 과정의 순서를 거친다는 예리한 관점을 가지고 있었다. 먼저 꼬리가 자라나고 나중에 퇴화되는 진화과정을 자궁에서 겪는 것이다.

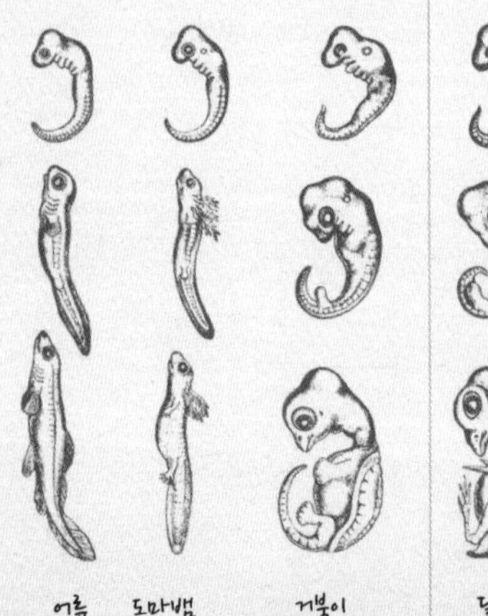


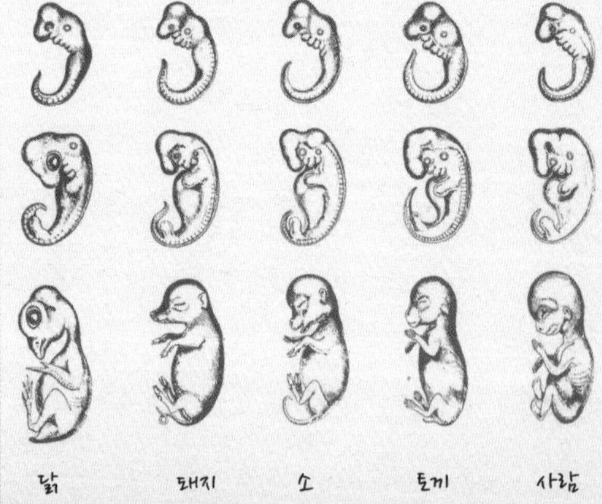

다윈은 "성적 구성요소가 모아져서 결합되고, 다음 세대에 새로운 개체의 형태로 전해져서 발생하게 된다. 또한 이러한 구성요소들은 형질이 발현되지 않더라도 보인자의 지위로 유전되고, 이후에 몇 세대가 지나서 다시 발현 될 수 있다."고 주장했다. 즉, 자손들이 그들의 조부나 더 먼 조상들을 닮을 수 있는 것이다. 이 경우와 마찬가지로 식물이나 가축을 기를 때에도, 먼저 세대에서 나타났던 결함이 다시 후손들에게서 나타날 수 있는 것이다. 다윈은 이론을 논리에 어긋나게 비약적으로 전개한 적이 없었다. 그는 언제나 "자연과학은 비약적인 발전을 하지 않는다. 자연과학은 오랜 기간 동안 수많은 과학자들의 추측이 축적되어 조금씩 발전한다."는 말을 입에 담고 다녔다. 그동안 많은 사람들이 진화 분야에 대한 추측을 제기했었다. 에딘버러의 조언자였던 그랜트는 "모나드"가 생명의 구성요소라고 생각하였다. 이러한 추측들이 쌓여서 다윈은 많은 생명 정보를 가진 제뮬이라는 개념을 생각해 냈고, 이 구성요소들이 생명체 내에서 결합되거나 재조합 되도록 할 것이라는 아이디어를 처음으로 제시하게 된다. 그는 이미 몇 십 년 전에, DNA의 발견을 예언했었던 것이다.



### 그레고르 요한 멘델(1822~84)

다윈은 자신의 아이디어가 새로운 것이라고 믿었지만, 다윈의 생각은 이미 그 이전에 오스트리아의 수도자인 그레고르 멘델이 이미 밝힌 사실이었다. 전문적인 양봉가이자 정원사였던 멘델은 벌들과 완두콩들을 잡종교배시키고, 1865년에 논문을 제출하였다. 그러나 그의 업적은 20세기가 될 때까지 제대로 알려지지 않았고, 그의 업적이 밝혀진 이후에 "유전학의 아버지"라 불리게 된다.

## 범생설

　　범생설은 생물체가 모든 세포에서 각각 포함하고 있는 입자에 의해서 유전 형질이 전달되고 있다는 학설인데, 다윈은 제뮬 이론을 "범생설(Pangenesis)"이라고 불렀다. 범생설의 어원은 "전체 창조"라는 그리스어에서 기원했으며, 다윈은 이후에 행해지는 실험에서 자신의 이론이 사실이라 증명되길 바랐다. "범생설"은 형질을 가지게 되는 유전 방식, 형질을 잃어버리는 유전방식, 후퇴유전(="격세유전" : 증조부의 조부로부터 이어지는 유전)에 대한 설명을 제공하긴 했지만, 이후에 제안된 개념인 '유전자'에 의해 과학적 지위를 빼앗기게 된다(9장을 참조).

　　그러나 다윈은 그의 격세유전에 대한 해석을 자랑스러워했으며 그의 이론을 의심하는 자들에게는 제뮬들이 진화의 발생과정을 수행한다는 사실을 강조하며 자신의 주장을 납득시켰다. 사람의 배아는 변형과정 초기에는 어류의 배아 단계와 비슷하게, 그 다음은 파충류 단계를 거쳐 포유류 배아의 특성을 가지게 되는 것이다. 사람의 아기는 자궁에서 일시적으로 꼬리를 가지고 있으나 성숙하면서 퇴화하게 된다.

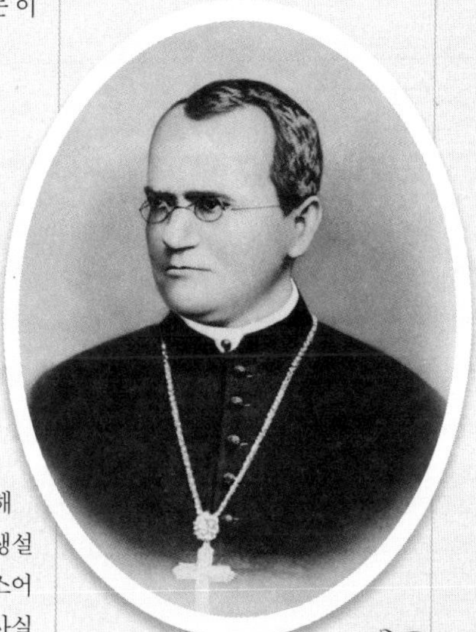

오스트리아의 수도사
그레고르 멘델
(1822~84)
완두콩의 여러 변이들을 가지고 한 실험은 유전자의 존재를 확인하는 증거가 되었다.

# 유명 인사 다윈

다윈은 그에게 학술적으로 적대적이었던 사람들과 열렬한 팬들 두 진영의 넘치는 관심 덕분에 60대에 유명 인사가 되었다. 그는 차후에 더 심도 있는 연구들을 하여 「종의 기원에 대하여」를 비롯해 기존의 책들을 개정해 나갔다. 그 과정에서 수많은 개정판과 번역판이 전 세계에 뿌려지게 된다.

「**종**의 기원에 대하여」는 다윈을 유명인사로 만들었고, 그는 1860년대와 1870년대에 세상의 축하와 비난을 동시에 받았다. 「펀치」학회지의 풍자만화에서부터 정치가들의 논쟁들에 이르기까지, 다윈과 그의 이론은 지속적으로 대중들 사이에서 논의되었다. 그 논의의 일환으로 1864년 영국 수상이 된 벤자민 디스라엘리는 "사람은 원숭이인가? 천사인가? 나는 원숭이가 아닌 정의로운 천사의 편이다."라고 말했다.

## 명예와 표창

다윈은 종교 세력의 반대를 두려워해서, 옥스포드 명예박사직을 거절했다. 하지만 러시아 황제 박물학자 협회의 명예 회원에는 가입했다. 프러시아는 그에게 최고의 훈장인 오든 포르 메리트를 수여하였다. 또한 모교인 캠브리지 대학교는 1877년에 그의 인생에 있어 큰 영광이었던 명예박사 학위직을 수여하였다. 다윈은 아들인 조지와 함께 시끌벅적한 학생들의 무리에 섞여서, 이해할 수 없는 라틴어 연설을 참으면서 듣고 있었다. 한편 한 장난꾸러기 학생이 박제된 원숭이에 졸업 예복을 입힌 채로 천장에 매달아 두었다. 박제 원숭이 머리 위 줄에 있던 고리는 이후에 "잃어버린 연결고리"를 의미하는 것이었다고 밝혀졌다.

## 웨일즈에서의 청문회

다윈이 집에만 있었던 것은 아니다. 다윈은 옥스포드 사람들을 피하기 위해 병을 핑계로 옥스퍼드대로 가는 것은 피했지만 자신의 모교인 캠브리지를 돌아다닐 때에는 심각하게 아프지 않았다고 기록되어 있다. 다윈은 종종 사우스햄프턴으로 외출했다. 다윈은 런던 외곽의 시덴햄이라는 곳에서 살았는데 시덴햄의 집은 런던 시내에서의 1년 동안 산 이후에 마련한 새 보금자리였다. 그곳에서 살면서 다윈은 런던행 기차를 타고 수정궁의 전시품을 보러 자주 다녔다고 한다.

1869년에는 서쪽지방을 돌아다녔다. 다윈은 언덕에서 자주 멈춰서서 어렸을 때 살던 집을 바라보곤 했다. 다윈은 혼자서 그의 추억을 회상하며 거니는 것을 좋아했다. 하지만 새로 바뀐 집주인들은 유명인이 왔다는 신기한 마음에 그의 뒤를 따라다녀서 다윈을 불쾌하게 만들곤 했다. 노쓰웨일스의 여행도 그리 좋지만은 않았다. 다윈은 그저 지질학 망치를 들고 산을 돌아다니던 어린 시절을 회상하고 싶었지만 어떻게 해도 그의 유명세에서 벗어날 수는 없었다. 힘없이 시골길을 잠깐 걷고 있노라면 저명

**벤자민 디스라엘리**
영국의 수상(1868, 1874 –80)이었던 그는 "천사의 편에서 정의를 지킨다."는 농담을 했다.

"사람은 원숭이 입니까? 천사입니까?"

## 사람인인가? 원숭이인가?

다윈이 점점 유명해질 때, 다윈의 업적들 중에서 가장 많은 관심을 받은 것은 "원숭이부터 유래한 사람"의 개념이었다. 유명 일간지들은 다윈의 친족관계를 추측하고 다윈과 원숭이와의 사랑관계를 자극적으로 기사로 썼다. 이것은 1871년에 풍자적 학회지인 「호넷」에 그려진 다윈의 캐리커처 그림이다. 이 그림은 원숭이의 몸에 머리만 다윈으로 그려 넣었으며, "존경할 만한 오랑우탄"이라는 제목을 붙인 채 실렸다.

한 페미니스트이자 동물 권리주의자인 프란시스 파워 콥[30]이 다윈을 불러 세우곤 했다.

콥과 다윈의 첫 만남은 매우 시끄러웠다. 다윈의 의견에 불만을 많이 가지고 있었던 콥[29]은 덤블 건너편에서 휴식을 취하고 있던 다윈에게 "당신은 당신이 주장하는 성 선택에 대한 힌트를 얻기 위해서 존 스튜어트 밀이 최근에 쓴 「여성의 예속에 관하여」를 꼭 읽어봐야해!"라고 소리를 질렀다. 화가 난 다윈은 콥에게 밀은 생물에 대해 배워야 할 것이 많다고 말하면서 다윈 자신은 남성의 "열의와 용기"의 근원은 "배우자를 얻기 위한 경쟁"에 있다고 믿고 있다며 맞받아쳤다. 다윈은 들판을 가로질러 콥을 피해 버렸고, 콥이 다윈의 등 뒤에서 "임마누엘 칸트의 책 좀 읽고 당신의 도덕적 관점 좀 고쳐!"라고 소리 지르며 이들의 논쟁은 끝이 났다.

> "그것(유명세)은 그냥 편안한 무덤 속에서 조용히 잊었으면 좋겠다고 바라도록 만들기에 충분했다."

30) 프란시스 파워 콥은 후에 「도덕에서의 다위니즘」을 집필했다.

## 가시덤불을 사이에 두고

다윈은 카에 던에서부터 이어지는 작은 오솔길에서 산들을 보랏빛으로 물들게 한 식물들 사이를 걷고 있었다. 나와 다윈 사이에는 가시덤불이 있었다. 나와 다윈은 각자의 의견을 큰 목소리로 교환했고, 나와 다윈은 너무 흥분하여서 이 상황이 터무니없다는 사실을 깨닫지 못했다. 우리는 내 친구가 큰 소리에 놀라서 쫓아올 때까지 소리 질렀다. 아마도 그 주변이 그렇게 시끄러웠던 적은 없었을 것이다. 요즘 우리는 종종 그 장소를 지나면서, '철학자들의 길'이라는 팻말을 보며 한숨을 내쉰다. 그리고 다윈이 다시 우리에게 돌아와서 그가 지금까지 무엇을 알아내었는지를 알려주길 바란다. (어떻게 바랄 수 있을까!)

— 프란시스 파월 콥

# CHAPTER EIGHT

# 다윈의
# 후기 작품들

# 인류의 유래

1871년, 그동안 인류에 대한 언급을 꺼려왔던 다윈은 마침내 「인류의 유래」라는 책에서 직접적으로 인류의 기원에 관한 자신의 의견을 밝혔다. 이 책에서는 인류가 유인원과 닮은 조상을 가진다고 설명하고 있다. 하지만 그 당시에는 원숭이와 사람은 연관이 없다는 월러스의 주장, 인간 종족이 우월성을 가지고 있다는 주장과 같은 문헌자료들이 만연해 있었다.

다윈은 「인류의 유래와 성 선택」이라는 책을 출판하면서 인류는 새롭게 창조된 것이 아닌 어떤 "기존의 형태에서 유래"되었다고 주장하였다. 사실 이 주장은 전혀 새로울 것이 없었다. 「종의 기원에 대하여」를 읽은 대다수의 독자들은 이미 그의 논리를 이해하고 있었으며 10여년 간 "사람이 원숭이에서 유래했는가?"에 대한 논쟁을 해오고 있었다. 그러므로 인류의 유래는 새로운 이론이 아니라 기존에 다윈이 「종의 기원에 대하여」에서 제시했던 아이디어에 대한 추가 의견이라고 볼 수 있다. 다윈은 완전히 다른 종들 간의 배아에서 유사성을 비교한 것을 자신의 주장의 증거로 사용한 것을 자랑스러워했다. 기존에 알프레드 러셀 월러스도 인류의 유래에 대한 비슷한 주장을 하였다. 그러나 러셀은 원숭이의 뇌에 관한 논쟁에서 오웬 진영에 서서 오웬을 대변하고 있었다. 이 논란에서, 다윈의 의견을 지지하고 있던 많은 과학자들 사이에서조차도 많은 이들이 원숭이와 인간 사이의 엄청난 간극을 받아들이지 못하여 당황하고 있었다.

## 울너의 귓바퀴

1868년, 상대진영에서 압박을 받은 지 5년이 흐른 뒤, 다윈은 조각가인 토마스 울너의 모델을 하였다. 둘은 서로 친해졌고, 울너는 다윈의 흉상을 만드는 작업을 했다. 다윈은 인간 형태에 대한 예술가의 관점을 물어 보았다. 울너는 지나가는 말로, "1847년에 그가 셰익스피어의 희극 '한여름 밤의 꿈'에 나오는 개구쟁이 배역을 맡았던 퍽이라는 사람의 조각상을 만드는 데, 그가 뾰족한 귓바퀴를 가지고 있어서 이상하게 생각했다."고 말했다. 울너는 제일 바깥쪽의 귓바퀴에 혹을 가진 사람들이 많이 있다는 것을 알았던 것이다. 다윈은 이 말을 듣고 곧바로 다양한 원숭이의 귀를 조사하게 되었으며, 사람의 귀 모양도 함께 조사하였다. 이제는 인간으로 진화하면서 접혀버린 유인원들의 뾰족한 귓바퀴 모양을 확인했다. 현대의 연구에 의하면 '울너의 귓바퀴' 혹은 '다윈의 작은 혹'이라고 불리는 이런 모양의 귀를 가지는 사람이 전체 인간의 10%에 달한다고 한다.

> *"인간을 제외하면 자신의 가장 나약한 자손을 기르려고 하는 무지한 동물은 없다."*

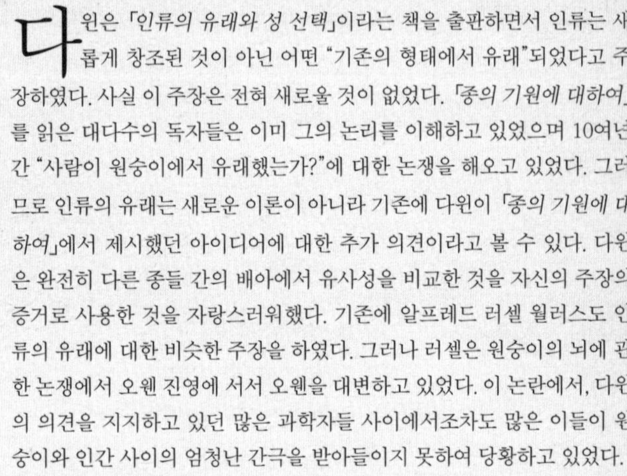

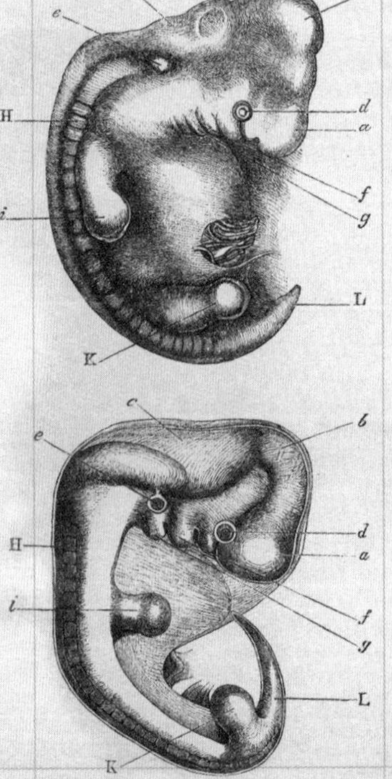

다윈은 사람과(위쪽) 개(아래쪽)의 배의 명백한 유사성을 관찰했다.

"고등동물과 인간과의 사고력에서의 차이에도 불구하고, 그 차이가 크더라도 정도의 차이일 뿐이지 질적으로는 같다."

## 문명과 자연선택

　그렇지만 단순히 귓바퀴 모양 하나로는 뇌의 유사성에 대한 논쟁을 하는 것에 큰 도움을 줄 수는 없었다. 다윈은 월러스의 이론을 반격하기 위한 증거로, 문명이 자연선택을 중지시킨다는 사실을 들었다. 왜냐하면 문명사회에서는 원래 자연 세계에서 선택에 의해 멸종되었을 법한 생물들을 보호하고 길러내기 때문이다. 다윈의 책을 읽은 독자들 대부분은 깨닫지 못하였겠지만, 다윈은 토마스 멜서스의 연구를 바탕으로 자신의 논점을 정리했을 것으로 보인다. 다윈은 미국 남북전쟁이 끝난 직후에 「인류의 유래」를 썼다. 그 당시에 몇몇 인류학자들은 해방된 노예들이 자유로운 사회에서 제대로 살아가지 못할 것이라고 주장했다. 하지만 항해 중에 방문했던 티에라 델 푸아고 섬에서의 경험 이후에, 다윈은 인종 차이는 단지 피부색만 다를 뿐 문명이나 야만의 차이는 누구든지 그 환경에 있게 되면 그렇게 될 따름이라고 주장했다. 그는 문명이 자연선택 과정에 끼친 영향에 흥미를 가졌다. "야만인들 사이에서는, 약한 신체나 사고를 가진 사람은 곧 선택적으로 제거된다. 그리고 살아남은 자들은 자신이 건강한 상태인 것을 과시한다. 하지만 우리 문명인들은 약자를 제거하는 과정에서 진단을 철저히 한다. 즉, 우리는 저능아와 장애인, 병자를 위한 시설을 만들고, 빈민을 위한 법을 만들어서 최대한 약자를 배려하는 방식으로, 자연선택에 의한 제거를 거부한다. 그 일환으로 의사들은 그들의 마지막 순간까지 최선을 다해 병자를 진료한다. 이러한 사회이기에 백신을 개발하고, 천연두에 약한 체질 때문에 죽어갔을 수천만 명의 사람들이 살 수 있었다. 그 결과, 문명화된 사회에서는 야만사회와는 다르게 약한 구성원들도 그들의 약한 형질 또한 후대에 전할 수 있다."

## 이타주의에 대한 질문

　결정적으로, 다윈은 동정심 그 자체를 문명적으로 진화한 본능이라고 보았으며, 반면 동정심이 없다는 것은 야만인의 표시로 보았다. 그는 전 세계에 걸쳐서 문명이 야만을 이길 수 있다고 생각했으며, 인종적 우월성이 아닌 도덕적 동정심에 의한 우월성을 그 근거로 들었다. 그러나 다윈은 그의 남은 여생 동안, 어떻게 약자에 대한 동정심과 보살핌이 적자생존의 한 부분을 형성할 수 있는 지에 대한 납득할 만한 해석을 하지 못했다. 심오한 개념인 이타주의에 대한 해석은 제믈에 대한 해석과 함께 다윈의 사후에 이루어진다(152쪽 참조).

사람들 중 10명 중에 1명은 '울너의 귓바퀴'를 가지고 있다. 이 돌출된 귀가 인류의 조상으로부터 받은 최종적으로 남은 흔적이다.

# 성 선택

다윈은 「인류의 유래」의 끝부분에서 자연선택의 한 종류인 성 선택에 대해 자세히 서술하고 있다. 성 선택이란 배우자 선택과 자손번식에서의 경쟁을 말하며 곧바로 진화적 역할이 눈에 띄지는 않는다. 다윈은 "공작새의 꼬리가 사람의 성 선택의 속성과 유사점이 많다."는 당시로서는 생소했던 주장을 했다. 이것은 영국의 아가일 지방 영주가 주장한 공작새들의 형형색색의 깃털은 신의 솜씨라고 주장한 것에 반론을 제기한 것이었다.

## 수레를 준비하기 전에 수레를 끌고 갈 말을 준비하라

1867년에 아가일의 영주였던 조지 켐벨은 「법의 통치」라는 책을 출판했다. 그 책을 읽은 다윈은 매우 짜증이 났다. 리처드 오웬의 후원자이기도 한 켐벨은 그의 책에서 진화가 화석에서 관찰할 수 있으나, 이것들은 단지 신의 뜻에 따르는 증거일 뿐이라는 어이없는 주장을 폈다. 신이 인간의 요구에 맞게 소와 말을 진화시켜왔다는 것이다. 켐벨은 형형색색으로 된 새들의 아름다운 깃털은 인간이 즐겁게 감상하도록 신이 수놓은 것이라는 주장까지 했다.

켐벨은 이에 덧붙여서 다음과 같이 적어 넣었다. "다윈은 종의 기원에 대한 이론을 적은 것이 아니라, 새로 태어나는 개체의 상대적인 성공과 실패를 가져오게 되는 이유를 밝힌 이론을 적은 것일 뿐이다." 켐벨의 이 책을 보고 다윈은 분노했다. 켐벨의 책이 다윈의 단어를 왜곡하고, 그의 이론을 일부러 곡해하려 하고 있었다. 그는 켐벨의 주장을 바로 받아치지 않는다면 우후죽순 그에 동조하는 의견들이 생겨날 것이라고 직감했다.

*"영주님의 책은 나의 의견에 일침을 가하고 있는데, 매우 논리적이고 흥미로우며, 솔직하고 영리하며 거만하다."*

## 상아와 뿔

결과적으로 볼 때 「인류의 유래」의 대부분의 내용은 성 선택에 대한 다윈의 생각을 담고 있다. 다윈은 켐벨이 법의 통치에서 밝힌 주장을 반박하기 위해 여러 가지 사례들을 증거로 제시하고 있다. 다윈은 특정 종에서만 긴 뿔이 발생한다는 사실에 특별히 관심을 보였다. 히말라야 야생 염소(*Capra outargues*)의 경우, 수컷의 뿔은 수컷이 암석의 노두에서 굴러 떨어지는 것을 막아줄 수 있다. 다윈은 수컷보다 상대적으로 유순한 암컷은 절벽의 맨 윗자리를 좋아하지 않을 것이라고 가정했고, 그렇기 때문에 암컷이 긴 뿔의 혜택을 받기는 어려울 것이라고 설명했다.

다윈은 상아와 뿔이 짝짓기와 필연적인 관계를 가지지는 않는다고 말했다. 예를 들어, 코끼리일 경우에는 상아를 나무줄기를 긁거나 앞에 놓인 땅의 굳기를 알아보기 위해 등 여러 가지 짝짓기와 상관없는 활동에 이용하는 것이다.

반면, 아라비아 오릭스(*Oryx leucoryx*)와 같은 동물의 뿔들은

*다윈은 히말라야 야생 염소의 뿔이 추락을 막아주는 역할을 한다고 생각했다.*

단지 오릭스끼리 배우자를 차지하기 위한 격한 싸움에 이용하는 단 한 가지 목적으로 진화했다. 그들의 뿔은 너무 뒤로 휘어져 있기 때문에 육식동물을 받아 넘겨 자신을 보호하는 기능은 많이 상실했다. 그 뿔들의 유일한 기능은 두 수컷이 암컷 오릭스를 차지하기 위해서 몸을 숙여 서로를 미는 기능밖에 없는 것이다.

다윈은 암컷 새들이 수컷이 과시하는 깃털이나 수컷의 특정 능력을 선호하는 습성과 인간의 성 선택 기준이 비슷하다는 것을 알았다. 또한 다윈은 이러한 것들이 암컷들의 "높은 기준" 때문에 고등 동물의 뇌가 진화하게 된다는 것을 뒷받침하는 증거라고 생각했다.

## 월러스의 부인

그런데 알프레드 러셀 월러스는 다윈이 주장한 성 성택에 동의하지 않았다. 월러스는 다윈이 암컷 새들이나 딱정벌레들이 심미감을 계발했다는 자기 자신의 의견에 너무 신빙성을 부여하고 있다고 지적하면서, 서로 다른 깃털의 색은 자연 선택 그 자체 때문에 발전되어 온 것이라고 확신한다고 말했다. 또 월러스는 다윈이 자연 선택의 끝을 너무 호사스럽게 본다고 지적했다. 공작새를 예로 들어보면, 수컷 공작새는 사람의 입장에서 보면 아름다워 보일지도 모른다. 하지만 암컷 공작새가 포식자로부터 자기 자신과 새끼들을 보호하기 위해 단조로운 갈색의 보호색을 띠는 것은 자연 선택의 형태라고 볼 수 있다. 월러스는 "오직 1년 내내 나뭇잎이 떨어지지 않는 열대지방에서만 전체 새 무리의 주된 색깔이 녹색이다.31)"라고 주장했다. 다윈은 월러스의 주장을 인류의 유래에 실었다. 하지만 제대로 반박하지는 못한 것으로 보인다. 다윈은 단지 새의 대부분은 성 선택 때문에 깃털색이 진화된 반면에 몇몇 새들은 위장을 위해서 깃털색이 진화하였다고 지적할 수 있었을 뿐이다.

31) 새의 깃털 색깔을 결정하는 것은 성선택이 아니라 자연선택임을 강조하기 위해서 한 말이다.

월러스는 밝은 색 깃털이 포식자들에게 들키기 쉽게 만든다는 사실과 이러한 특성은 생존 확률을 더 떨어뜨릴 뿐이라는 것을 지적했다.

"우리는 많은 앵무새들이 보호색을 띠지 않고 진한 붉은색, 푸른색, 오렌지 민트 색을 가지고 있다는 사실을 알고 있어야 한다."

# 야만과 문명

다원은 「인류의 유래」의 뒷부분의 세 단원에서만 사람의 성 성택에 관해서 다루고 있다. 다원은 그 단원에서 성 성택이 어떻게 전 세계의 미의 기준과 문화에 영향을 끼쳤는지를 밝히고 있다. 문명에 대한 그의 관점은 자신의 가족의 건강뿐 아니라 빅토리아 협회의 미의 기준에 대한 냉정한 의견까지도 포함했다.

여성주의자인 프란시스 콥의 경고에도 불구하고, 다원은 빅토리아 협회의 미의 기준에 성 성택 이론을 적용하는 것을 두려워하지 않았다. 다원은 수컷 공작새의 꼬리처럼, 단 하나의 차이로, 여성에게 한 남성이 다른 남성보다 잘생겼다는 것을 판단하게 해주는 기준에는 수염 모양이 있다고 설명했다. 또한 다원은 남자들이 커 보이고, 강해 보이고 싶어 하는 성향과 여자들이 작고 둥글게 보이고 싶어 하는 성향이 있다는 주장에 주목했다. 그는 남자가 여자보다 더 담력이 있으며 털이 더 많으며 더 머리가 좋다는 사실 알아차렸다. 다원은 빅토리아 협회의 기준 중 상당수가 자연선택의 과정에 그 뿌리를 두고 있다고 생각했다. 남자들, 심지어 예술 작품 속의 남자들도 암컷에게 깃털을 뽐내는 수컷 공작새처럼 여자에게 매력을 과시하면서 배우자 경쟁에 내몰린다. 한편, 여자는 진화적인 과정에서 모성애를 발전시켰다.

다원은 빅토리아 기준이 영국에서의 기준에만 해당될 뿐, 보편적인 특성이 아니라는 것을 알고 있었다. 그러므로 그는 전세계의 다양한 미의 기준을 이야기한 몇몇 인류학자들의 말을 인용하였고, 아프리카의 어떤 지역의 여자들은 남자의 이마에 있는 문신에 매우 매력을 느낀다는 사실에 주목하였다. 그리고 만주에서는 "큰 머리, 높은 광대뼈, 큰 코, 거대한 귀"가 매력의 상징으로 통한다는 사실을 알았다. 또한, 다원은 또한 일본과 중국인들이 눈을 그림에서 그릴 때, 유럽인들의 눈과 대조를 주기 위해 일부러 그들의 그림에서 과장된 경사로 눈을 표현한다는 사실을 관심 있게 보았다.

모든 사례들을 종합해 볼 때, 다원은 어떤 지방의 이런 성 선택적 관습에서는 그 지방에서 적자로서 살아남기 위한 최적 기준의 측면을 고려해 유리한 특성을 적자로 보았다고 생각하였다. 이것은 종의 생존을 놓고 볼 때 "적자"라는 정의와는 다르며, 특정한 종들 사이에서의 어떤 특성의 진화를 독려하는 개념으로 볼 수 있다.

> *"애호가들은 항상 어떤 형질이 극단적으로 나타나길 바란다. 그들은 보통의 기준에는 감탄하지 않으며 자극적인 기준을 좋아한다."*

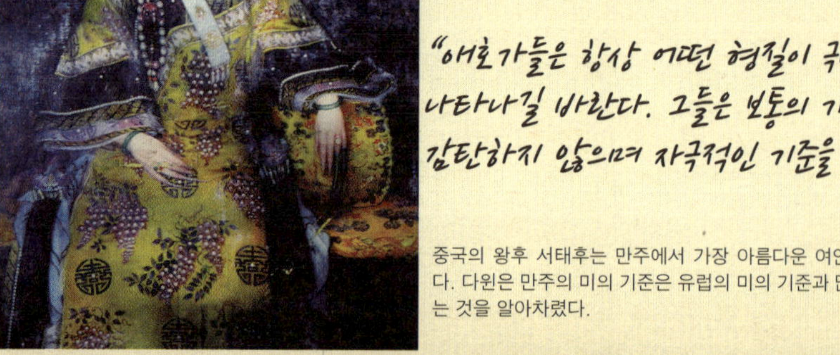

중국의 왕후 서태후는 만주에서 가장 아름다운 여인으로 불렸다. 다원은 만주의 미의 기준은 유럽의 미의 기준과 많이 다르다는 것을 알아차렸다.

"중요한 두 성별 간의 지적 능력의 차에서 남성이
여성보다 절대적으로 더 탁월하다.
감정조절과 손 조작 능력뿐만 아니라, 깊은 사고,
추론, 상상에서의 능력에서도 우월성이 나타난다."

## 미의 기준

다윈은 "사람은 자신이 가진 가축을 교배시키기 전에 그
의 말, 소, 개들의 가문의 특성들을 면밀히 살핀다. 하지만 정작
그 자신의 결혼에 있어서는 그만큼의 주의를 기울이지 않는다."
고 적었다. 그가 결혼의 선택에 대하여 이처럼 비난한 것은 아마
도 개인적인 감정에서 기인한 것으로 보인다. 「인류의 유래」가
출판된 1871년에 그의 딸 헨리에타는, 다윈의 반대에도 불구하
고, 키가 작고 뚱뚱한 시골청년인 리처드 리치필드와 결혼했다.

몇몇 비평가는 다윈의 인간 배우자 선택에 관한 논의에서 매
우 큰 교훈을 얻었다. 다윈이 비글호의 항해를 끝내고 돌아왔을
때, 그는 그 자신을 "감수성이 강한 엠마를 얻기 위해 꼬리를 뽐
내 보이는 수컷 공작새"로 묘사했다. 하지만 여러 해가 지나고, 그
의 아내를 향한 사랑이 변하지 않았음에도 불구하고, 다윈은 자
신과 아내의 결혼이 강한 자손을 낳는 데는 적절하지 않다는 점
을 알았다. 이후에 다윈의 품에서 겨우 자라나 결혼한 헨리에타
조차도 13살 너머까지 우울증에 시달려 침대에서 아침을 먹겠다
고 우기곤 했다.

인류의 우월성에 대한 논쟁을 벌였음에도 불구하고, 다윈의 책
내용은 인류가 유인원보다는 조금은 더 낮다는 아이러니한 가정으
로 책을 마무리 짓고 있다. "사람이 자신의 출생지가 얼마나 거칠었
던가를 이해한다면, 그의 혈관 속에 비천한 생명체의 피가 흐른다는 사실
을 깨닫더라도 부끄러워하지 않을 것이다. 내 몸의 일부분을 위해서라면,
나는 무서운 적들 앞에서 후손을 지키기 위해 용기를 낸 영웅적인 작은 원
숭이의 계통을, 산에서 내려와 무서운 개의 무리에서부터 성공적으로 어
린 개코원숭이들을 구출해낸 개코원숭이의 계통을, 적을 고문하고, 즐거
워하며 피의 제물을 바치며, 양심의 가책 없이 어린 새끼를 살해하고, 자
신의 암컷을 노예처럼 부리며, 고상함 따위는 없으며 미신을 숭배한 야만
인의 계통을 이을 것이다."

1820년에 발견된 그리스 신
아프로디테 신상인 '밀로의
비너스'는 유럽인들에게 고전적
아름다움에 대한 개념을
정립하였다.

# 감정의 표현

다원은 그의 저서 「인류의 유래」에서도 자신의 머릿속의 생각들을 다 담아내지 못했다. 처음에는 인간 감정 표현에 대한 부분을 짧은 논문으로 쓰려고 했으나, 그의 생각은 너무 방대하여 또 다른 한 권의 책인 인간과 동물의 감정표현으로 발표할 수밖에 없었다. 이 책은 다원의 다른 뛰어난 업적들 때문에 가려지긴 했지만, 20세기 과학자 칼 로렌츠가 찰스 다원을 심리학의 수호성인이라고 일컬을 정도로 심리학계에 큰 영향을 끼쳤다.

인간과 동물의 감정표현은 찰스 벨(1774~1842)의 연구를 논박하는 과정에서 고안되었다. 찰스 벨은 인류만이 감정전달과 감정생성을 할 수 있는 능력을 받았다고 주장했다. 다원은 그의 이론에 논박하며, 사람의 감정 또한 긴 진화의 과정에서 나온 산물에 불과하다고 제안했으며, 동물적 행동 중 하나일 뿐이라고 주장했다. 다원은 사람이 분노할 때 나타나는 행동도 동물적 공격행동이 희미하게 표출하고 있는 사실을 예로 들었다. 분노한 사람은 실제로는 공격할 의도가 없더라도, 무의식중에 그의 적을 공격하기 위한 태도를 가지게 된다고 적었다.

다원은 통계 조사표, 생물학적 특성, 개인적인 관찰을 바탕으로 자신의 논거를 끌어왔다. 그는 소리치는 행동이, 유아의 눈을 충혈시키고 눈 주위의 근육이 시각 기관을 보호하기 위해서 수축하도록 한다는 사실을 알아냈다. 현대 인류는 불쾌할 때 마다 소리치지는 않지만, 화가 났을 경우 눈 주위의 근육이 다른 부위 근육들보다도 더 수축하며, 주체가 불안한 감정을 가지고 있을 때 눈을 작게 만들고 이마를 찌푸리는 것은 현대 인류에게 남아있는 동물적 행동이라고 볼 수 있다. 머지않아 심리학이 하나의 학문 분야로 자리매김하게 되었는데, 감정을 단지 행동학습의 결과물이라는 심리학계의 주장을 듣고 다원은 크게 비웃었다. 그는 이미 얼굴 붉히는 행동을 본 적 없는 장님들조차도 수치심을 느끼면 얼굴을 붉힌다는 사실을 알고 있었기 때문이다. 다원은 본능적인 반응이 전 세계적으로 인종과 상관없이 같을 것이라 추론하였다. 그 증거로 다원은 비글호로 같이 항해하면서 만난 푸에고인들의 본능적 반응특성과 지리적으로 멀리 떨어진 곳에 있는 영국 사람들과의 본능적 반응특성을 비교하였다. 그는 비글호라는 좁은 구역에 한정된 증거를 기초로 더 많은 증거를 관찰하기 위해 기차의 옆 사람들을 몰래 관찰하면서 증거를 수집하고, 자신의 이론을 확장 적용하였다. 다원 옆에서 조용히 앉아 있던 여자 승객은 다원이 그녀 입가 근육을 의식적으로 바라보고 있다는 사실을 인식하지 못하였을 것이다.

"편안하지만 무언가에 열중하고 있는 늙은 부인이 내가 탄 기차 반대편에 앉아 있었다. 그녀를 바라보고 있는데, 그녀의 입 꼬리 내림근이 가늘게 되었다. 확연히 보이지는 않았지만, 수축된 것으로 보였다. 하

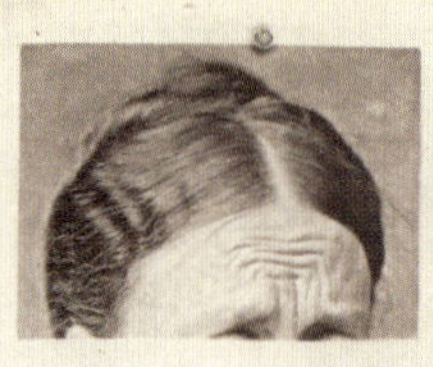

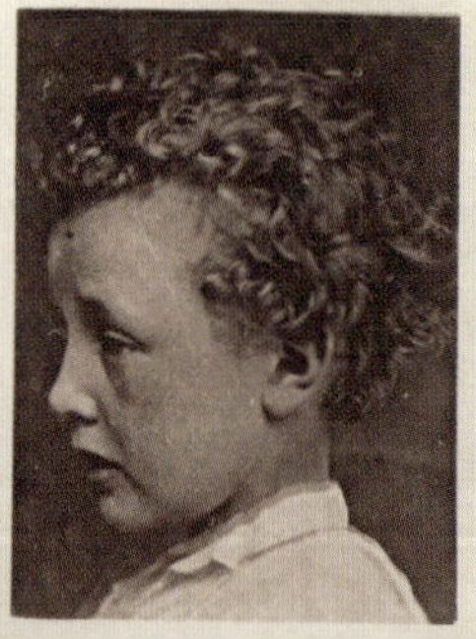

「인간과 동물」의 감정표현은 다원이 처음으로 그의 논점을 묘사하기 위해 사진을 실었던 책이다.

"기차 옆에 탄 그녀는 마치 잃어버린 자식에 대한 회상이라도 한 듯 너무나 슬픈 표정을 짓고 있었다."

– 「감정의 표현」(1872)

지만 그녀의 침착한 표정은 변함없었다. 나는 이때까지 내림근이 수축할 때 반드시 감정변화가 같이 일어난다고 가설을 세웠으나, 그녀의 무표정을 보고 내림근의 수축에 대한 나의 가설이 의미 없는 것임을 알고 실망했다. 하지만 나의 이 생각은 이내 사라졌다. 갑자기 그녀의 눈에 눈물이 고이고 흘러넘치려고 한 것이다. 그녀의 침착했던 표정은 별안간 완전한 슬픔으로 바뀌었다."

## 답이 없는 질문들

마찬가지 논리로 다윈은 장님이면서 귀머거리인 로라 브릭만을 관찰했다. 그녀는 행복할 때 박수를 치고 웃고, 얼굴은 홍조되었다. 다윈은 허버트 스펜서의 감정표현이 넘치는 감정 에너지의 안전밸브로 작용한다는 말에 동의했으며, 새로 태어난 아기의 발을 간질이면 본능적으로 다리를 접는다는 사실도 알고 있었다. 그는 해로운 것으로부터 몸을 지키기 위해 신체를 수축하는 반응이, 웃는 반응과 근본적으로는 같은 기작으로 일어나는 것이 아닐까 생각했으며, 웃음의 목적이 만족감의 표출과 같은 또 다른 곳에 있는 것인지에 대해서 고민했다. 다윈은 웃는 사람들의 반응에 혼란스러워 하면서 기쁨의 다른 표현들을 놓고 고민하였다. 그는 전 세계의 조사 자료들을 끌어와서, 웃는 행위는 호주 원주민에게는 기쁨을 나타내는 표정이고 중국인, 힌두인, 말레이시아인들도 마찬가지로 기쁨을 나타내는 표정이라는 사실을 알아냈다. 다윈은 그리스의 시인 호메로스 호머의 글을 인용했다. 호메로스 호머는 남편 오디세우스를 본 페넬로페의 기쁨에 찬 울음을 글로 묘사하였으며, 다윈은 그 속에서 만족스러운 설명을 얻을 수는 없었다.

다윈의 연구 감정의 표현은 종의 기원에 대하여의 개정판과 내용이 부합한다. 그런데 다윈은 머지않아 난항에 빠지게 된다. 다윈은 두 명의 자식들에게 그의 원고를 편집하도록 하려고 했지만, 감정의 표현에 대한 확실한 결론이 없다는 점과 통계처리에서 상수 변환의 어려움 때문에 그 주제에 질려버렸고, "나 자신과 세상에 질렸다."고 이야기 했다. 다윈은 감정에 관한 연구를 그만 두었고, 다른 주제 질문들에 대한 결론을 먼저 냈다. 그는 이 책에서 사진자료를 처음으로 사용했으며, 책의 가격이 올라갔으나 5,000명의 구매자는 높은 가격에도 책을 구매했다. 비록 다윈 스스로의 자신의 논리에 대한 불만을 가졌음에도 불구하고, 그가 던졌던 질문들은 후속해서 나오는 과학 분야에 완전히 새로운 장을 열었다. 다윈의 생각들은 사회적 행동의 기원을 몸에서 찾는 사회 생물학, 동물들이 그들의 행동을 처한 환경에 맞추는 방식에 대해서 연구하는 행동 생태학, 그리고 동물의 행동을 연구하는 학문인 동물 행동학 등의 새로운 학문의 기초가 된 것이다.

다윈은 대중들의 감정 표정들을 관찰하는 것과 함께, 더 명확히 표정을 지을 수 있는 전문적인 배우들을 고용해서 그들의 표정을 기록했다.

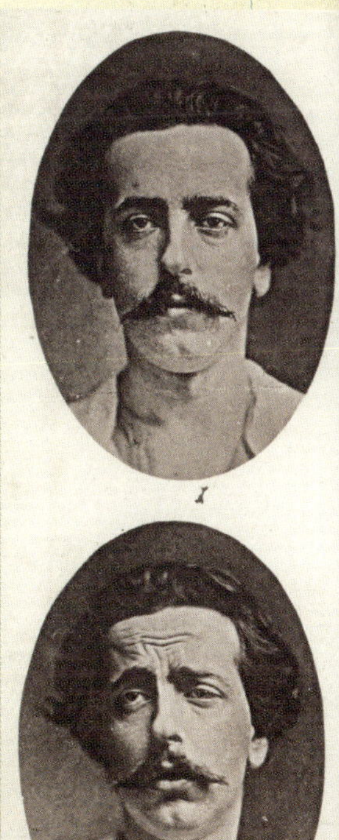

# 위험한 식물들

이제 60대가 된 다윈은 새로운 책을 쓰고 과거 책의 개정판을 내는 것에 부담을 느끼고 있었다. 다윈은 또한 자신의 친한 친구들이 죽어가는 것을 보며 우울해 했다. 다윈이 식물에 대해서 쓴 비교적 중요하지 않은 책조차도 다윈 아들인 조지와 가톨릭 과학자가 「계간 논평」지면 위에서 벌인 싸움으로 유명해졌다. 다윈은 「종의 기원에 대하여」의 개정판 작업을 조지에게 맡긴 채, 진화에 대해서는 연구를 그만하겠노라고 선언했다.

32) 오늘날의 생물학에서는 고등 식물에서 하등 동물로, 혹은 하등 동물에서 고등 식물로 진화된 것이 아니라 생물 진화의 초기에 단세포 생물만이 살고 있었을 때부터 식물과 동물이 구분되었을 것이라고 보고 있다.

다원은 그 이후에 한 실험들을 바탕으로 「식충 식물들」이라는 책을 썼다. 다윈은 "고등 식물들"과 "하등 동물들"의 유사점을 찾는 것에 관심이 있었고, 고등 식물에서 하등 동물이 진화되어 왔든지, 아니면 하등 동물에서 고등 식물로 진화되어 왔을 것이라고 생각했다.32) 다윈은 끈끈이주걱(*Drosoraand Drosorarotundifolia*)과 벌레잡이제비꽃에 각종 음식들과 독을 먹이는 실험을 했다. 다윈은 식물의 소화액이 고등 동물의 위와 비슷한 것이라고 견주어 설명하면서 식충 식물이 동물의 신경의 초기 단계인 "신경 물질"을 가지고 있는 것이 아닐까 생각하게 되었다. 다윈은 이 가설을 꼭 실험해보고 싶어 했다. 그렇지만 그는 건강상의 한계를 느끼고 있었고, 단순히 추측을 할 수 밖에 없었다.

## 오래된 책, 새로운 책

다윈은 자신이 일을 너무 많이 하고 있다는 사실을 깨달았다. 그는 반은 농담으로 자신이 여러 권의 책과 각종 글을 쓰고 편지 교환을 너무 많이 하고 있고 예전에 출판했던 책을 개정하느라 자살 직전까지 왔다고 기록하기도 했다. 다윈은 자신의 이론에 대한 비판을 방지하기 위해서, 이론을 보강할 내용을 추가하여 「종의 기원에 대하여」, 「인류의 유래」, 그리고 「가축 및 재배 식물의 변이」의 개정판을 쓰고 싶어 했다.

"나는 책의 출판을 준비하면서 나 자신을 반쯤 죽여놓았다."

다윈은 식충 식물의 소화액을 고등 동물의 위와 비교하였다.

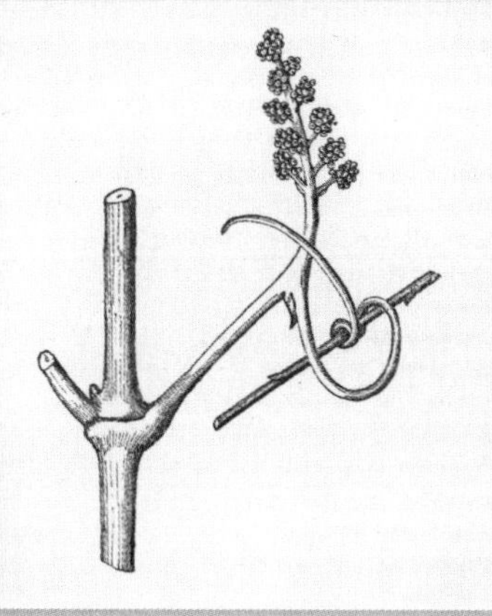

다윈의 아들인 조지가 덩굴 식물의 움직임과 습성이라는 책에 포도나무 꽃대를 스케치한 것

다윈 아들인 조지는 책의 개정판을 점검하는 것을 돕고, 「덩굴 식물의 움직임과 습성」이라는 책에 들어갈 삽화를 그려주었다. 또, 조지는 다윈을 도와 꽃을 수분시키는 실험을 하기도 했다(조지가 이 실험을 할 때만 해도 이 실험이 논란이 될 것이라고는 상상도 하지 못했다).

꽃들은 비교적 쉽게 곤충들로부터 격리될 수 있기 때문에 다윈은 꽃의 번식에 영향을 주는 모든 것을 조절할 수 있었다. 다윈은 이 실험을 통해 「식물계에서 자가 수정과 타가 수정의 효과」라는 책을 출판했다. 이 책의 내용은 타가 수정한 식물이 자가 수정한 식물에 비해서 키가 더 크고, 강하며, 건강하고, 번식력이 좋다는 내용을 담고 있었다.

## 악을 권장하다.

물론, 다윈은 자가 수정과 타가 수정에 대한 이 이론을 사람의 가계에도 적용해 보고 싶어 했다. 다윈 자신의 가계에서 계속되었던 근친결혼과 질병들이, 사촌 간에 결혼을 하면 약한 후손이 태어난다는 이론의 증거가 되었다. 조지는 정신 병원에서 얻은 데이터가 근친결혼이 정신적인 불안을 야기한다는 정황적 증거가 된다고 생각했고 다윈은 다음 국가 인구 조사에 이와 관련된 질문을 넣어 통계적 결과를 얻고 싶어 했다. 그렇지만 조지는 자신의 아버지와 다르게 반론에 맞서는 것을 지겨워했다.

1873년에 행해진 연구를 바탕으로 조지는 「현대 논평」에 결혼의 자유에 대한 유익한 제한에 대하여라는 간단한 글을 게재하였다. 그 다음해에 가톨릭 사상가인 조지 잭슨 마이바트(1827~1900)가 「계간 논평」에 조지의 의견을 반박하는 글을 실었다. 마이바트는 조지가 포악한 법을 제안하고 전 인구를 확인하려는 악행을 권장했다고 고발하기도 하였다. 마이바트는 특히 조지가 특정 상황에서의 이혼을 우호적으로 발언한 것에 대해 이의를 제기했다. 다윈은 이런 마이바트의 공격에 굉장히 화를 냈고, 심지어는 출판사에 자신의 책을 내는 출판사를 바꿔버리겠다고 위협하기도 했다. 왜냐하면 마이바트가 의견을 냈던 「계간 논평」은 존 머레이에 의해 출판되는 것이었기 때문이다.

"이런 냉소쯤은 쉽게 피해 버릴 수 있다. 그렇지만 나는 천천히, 천천히, 천천히 논의할 것을 조언한다."

## 다윈과 기계

사무엘 버틀러는 10여 년간 적어놓은 글들을 하나로 묶어 「에리혼」이라는 풍자적 소설을 1872년에 출간하였다. 이 소설 속에서 진화의 역사와 가장 관련이 많은 부분은 "기계들의 책"이라는 제목의 3단원이다. 이 단원은 기계들이 지능의 형태를 살아있는 생물체보다 빠르게 진화시킨다는 내용으로 구성되어 있다.

이 책의 한 등장인물은 다음과 같은 말을 하였다. "지금도 약간의 지각능력을 가지고 있는 기계가 궁극적인 의식을 갖게 되지 않으리라는 보장이 없다. 연체동물은 현재의 기계가 가지고 있는 지각능력도 가지고 있지 않다. 기계가 지난 몇 백년 간 얼마나 놀랄 만한 발전을 했는지와 동물과 식물이 얼마나 천천히 진화하는 가를 주목해 보아라."

몇몇 사람들은 버틀러가 기계 지능에 대한 발언을 한 것이 다윈의 이론을 비꼬는 것이라고 믿었다. 그러나 버틀러는 이것을 극구 부인했으며 소설의 2판 서문에서 "다윈을 비웃고 싶은 마음은 전혀 없다."라는 글을 남겼다.

# 그런 쓸데없는 짓

다윈은 빅토리아 시대의 "마술사"들의 팔러마술을 믿지 않았으며 거슬려 했다. 다윈이 처음으로 강령술을 접한 것은 그가 말번에 머물고 있을 때, 주치의가 잘못된 조언을 해주어서이다. 그리고 다윈은 편지에 최면술사나 심령술사, 그리고 유사 의학을 경멸하는 내용을 적기도 했다. 다윈의 생각에 세 가지 중 어떤 것도 엄격한 실험 탐구를 통해서 세워진 학문이 아니었던 것이다.

33) 마술사 혼자 마술을 하는 것이 아니라 관객이 참여하는 마술

*"우리가 그런 쓸데없는 짓을 믿기만 한다면, 신은 우리 모두에게 자비를 베풀어 주실 것이다."*

다윈이 종교에 대해 부정적인 태도를 가졌던 것과 마찬가지로, 그는 빅토리아 시대 중반에 널리 유행했던 강령술이나 팔러마술33)도 좋아하지 않았다. 1849년 초반에, 다윈은 말번에 있는 투시 능력을 가진 사람이 다윈이 평생 앓고 있는 병에 대한 진단을 내리도록 도와줄 것이라는 굴리 박사의 말을 비웃었다. 그러나 굴리 박사는 다윈은 끈질기게 설득했고, 다윈은 마침내 투시 능력을 가진 여성을 만나보는 것에 동의했다. 예상했겠지만, 다윈은 그녀가 가진 과학적으로 알 수 없는 능력을 시험해 보아야 한다고 주장했다. 다윈은 도착하자마자 그녀에게 봉해져 있는 봉투를 내밀며 다음과 같이 말했다. "저는 당신이 봉해져 있는 사물을 꿰뚫어 보는 힘을 가지고 있다는 것을 들었습니다. 그래서 나는 그 증거를 보고 싶네요. 자 이 봉투 안에는 수표가 들어있습니다. 당신이 이 숫자를 읽어내신다면 기꺼이 이 수표를 선물로 드리고 싶네요." 투시자는 다윈이 싸구려 팔러마술의 트릭을 요구하고 있다며 경멸적으로 대답하고는 그녀의 하녀조차도 그런 속임수는 할 수 있다고 말했다. 다윈의 무례한 태도에 모욕을 당한 투시자는 다윈의 창자 상태를 무시무시하게 묘사해줌으로써 복수했다. 다윈은 여기 온 것 자체가 시간 낭비이며, 주치의인 굴리 박사가 굉장히 어수룩한 사람이라고 생각하며 떠나버렸다.

다윈은 빅토리아 시대에 유행했던 심령술이나 강령술을 대담한 속임수이거나 팔러 게임에 불과하다고 비난했다.

*"내가 좋아하는 굴리 박사가 아무것이나 믿는다는 사실이 참으로 애석하다."*

## 허튼소리 하기

1870년대까지, 몇몇 단체들과 심지어는 다윈의 형인 에라스무스까지도 강령회에서 나타나는 "영적인 힘"의 징후와 이것이 자연 과학과 연관될 수 있을지도 모른다는 것에 흥미를 가졌다. 심지어는 심령사진에 나타난 유령의 이미지나 영매가 불러내는 기괴한 불빛이 다윈이 주장한 "제뮬"이 존재하는 증거라는 주장도 있었다. 알프레드 러셀 월러스는 이 이론에 큰 흥미를 느껴서 결국에는 「기적과 현대 강령술(1896)」이라는 책을 펴내기도 했다.

그러나 비판적인 다윈의 세력들은 이와 같은 것들에 그다지 영향을 받지 않았다. 심지어 헉슬리는 강령술의 진부한 본성이 자살을 방지하는 효과가 있을 것이라고 비꼬았다. 헉슬리는 일간 뉴스에 "죽고 나서 영매의 강령회에 불려 나와 허튼소리나 하면서, 강령회 1번에 1기니씩 받느니 청소부로라도 살아가는 게 낫겠다."라는 글을 쓰기도 했다.

## 런던에서 열린 강령회

다윈은 1874년 에라스무스의 집에서 열린 강령회에 많은 손님들과 함께 초대되었다. 이 강령회에 초대된 사람에는 다윈 이외에도 엠마, 헉슬리, 웨지우드 쪽 사촌들 그리고 다윈의 "반사촌"인 프란시스 갈톤도 있었다. 다윈은 이곳에 과학적 호기심 때문에 참석한 것이 아니라 손님들 중 한 명에 마리안 에반이 오기 때문에 참석했다. 마리안 에반은 그녀의 필명인 조지 엘리엇으로 더 잘 알려져 있다.

다윈의 형과 아들인 에라스무스와 조지는 각자 다이닝 룸에서 숨겨져 있는 기기들이나 장치를 확인하는 것에 1시간이나 공을 들였다. 그리고 영매인 찰스 윌리암은 강령술을 하는 동안 이들에게 자신이 어떤 속임수도 쓰지 않는다는 확신을 주기 위해 자신의 손과 발을 붙잡고 있으라고 허락해주었다. 다윈은 심술궂게 "우리는 조지가 고용한 영매 때문에 아주 즐거운 시간을 보냈다. 영매는 형의 거실에서 의자와, 플루트와, 종과, 촛대와 불꽃이 뛰어 돌아다니도록 만들었고 모든 사람들이 깜짝 놀라서 숨을 못 쉴 정도였다."라고 말했다.

그러나 다윈은 이 이야기를 다른 사람들에게 전해 들었을 뿐이다. 강령회의 준비 과정이 너무 "덥고 지루해서" 윌리암이 완전히 어둡게 만들어야 한다고 주장했을 때 다윈은 방을 빠져 나왔다. 마리안 에반과 그녀의 남편 또한 "이 역겨운 상황"을 빠져 나왔다. 헉슬리와 다윈의 과학자 친구들 몇몇은 이것을 난제로 여기고 전체적인 과정에 참여하였고, 그들은 곧 윌리암이 속임수 쓴 것이라고 생각했던 자신의 생각을 바꾸었다.

## 미들마치

조지엘리엇의 「*미들마치*」는 1871~2년에 연재물의 형태로 발표되었다. 이 소설은 다윈이 가장 좋아하는 소설이었다. 이 소설에는 다윈이 친밀하게 여길 만한 요소들이 혼합되어 있었다. 특히 다윈은 이 소설에서 등장하는 캐릭터인 에드워드 카조봉을 좋아했다. 카조봉은 자신의 분야에서 아주 중요한 연구를 하였으며 자신의 연구가 비판에 대해 완벽히 대비되기 전에는 연구를 발표하는 것을 미뤘다.

「지방 생활에 대한 연구」라는 부제를 가지고 있는 엘리엇의 책은 영국의 계급사회가 변해가는 동안 성공하거나, 실패하거나, 유지되는 가족 구성원을 표현함으로써 적자생존의 개념을 에둘러 표현한 것으로 보였다.

조지 엘리엇

# 끝 그리고 시작

다윈은 1876년에 할아버지가 되었다. 그렇지만 이 행복한 사건은 곧 비극으로 바뀌었다. 다윈의 아들과 손자가 다운 하우스로 도착하는 것은 다윈이 가지고 있던 후손에 대한 생각을 바꾸어 놓았고, 다윈은 그가 저술한 책들 가운데 가장 개인적인 것이라고 할 수 있는 자서전 작업을 시작했다.

"만약 나의 할아버지가 나에게 당신이 쓴 글을 남겨주셨다면, 그것이 아무리 짧고 따분한 것일지라도 나는 그 글을 읽는 것을 굉장히 좋아하였을 것이다."

후손들에 대한 생각은 다윈의 마음을 과거로 이끌었고, 다윈은 자서전을 쓰기 시작했다.

다윈은 오랫동안 할아버지가 되길 바랐다. 헨리에타는 여전히 아이가 없었고, 다윈은 자신의 자손들이 불임일까 봐 걱정하기 시작했다. 그러나 1876년 5월에 다윈의 아들 프란시스 내외가 드디어 임신을 했다고 알려왔다.

## 사적인 목적으로

이 소식을 듣고 의기양양해진 다윈은 새롭게 사적인 기록 즉, 자서전을 쓰기 시작했다. 다윈은 자신의 후손들이 자서전을 읽어주기를 바랐으며, 그것을 통해 다윈의 삶을 어렴풋이 라도 알아주기를 바랐다. 그렇지만 다윈이 자서전에서 자신의 가족에 대해서 기술할 때는 그의 과학적 엄격함이 적용되지는 않았다. 1876년부터 조금씩 쓰기 시작해서 1882년에 다윈이 죽기 직전까지 저술된 다윈의 전기는, 작가에 대한 부분적인 관점만을 담고 있다. 다윈은 자신이 헌신적으로 연구에만 몰두했다고 표현했지만, 자신이 병을 앓고 있어서 할 수 없이 다운 하우스에서 요양을 할 수 밖에 없었다는 사실에 대해서는 거의 언급하지 않았다. 다윈은 자신의 부모님에 대한 추억을 적긴 했지만 자신의 아버지는 고집 세고 거만한 사람으로 표현하고 평생 다윈 자신을 "개나 쥐를 사냥하는 것 말고는 잘하는 것이 없다."고 생각하셨다고 적었다. 자서전에는 기존에 밝혀지지 않았던 새로운 사실들도 있었다. 다윈은 자서전에서 여성이 쉽게 무언가를 믿어버리는 본성이 있는 것을 관찰했다고 하면서 상당한 지면을 종교에 대한 자신의 생각을 설명하는 데 할애했다. 그러나 마치 다윈 가계의 여성이 자신의 후손들을 다시 종교적 신앙으로 이끌어 갈 것을 두려워하기라도 한 듯, 다윈 자신이 기독교를 믿지 않는다는 사실은 확실히 언급했다. 또한 다윈은 혹독한 연구 때문에 자신이 이전에 가지고 있었던 미술이라든가 음악 그리고 문학에 대한 감성이 약화되었다고 고백했다. 다윈은 다음과 같은 기록을 남겼다. "수많은 사실들을 수집하여 그들에게서 일반적 법칙을 찾아내는 동안 내 마음은 마치 기계처럼 변했다. 그렇지만 왜 그러한 과정이 내 예술적인 부분을 담당하는 뇌를 퇴화시킨 것인지는 이해할 수 없다."

## 원한을 갚다

다윈은 가족을 위한 원고를 쓰면서도 자신의 업적을 잘못 이해한 사람들을 비난하는 것을 멈출 수 없었다. "최근 내가 마치 오로지 자연 선택만으로 종의 변이가 일어난다고 주장했던 것처럼 잘 못 전해지고 있다. 나는 책의 첫 번째 판부터 지금까지 쭉 가장 눈에 띄는 곳인 서론에서 "나는 자연선택이 종의 변이를 일으키는 주요 원인일 것이라고 확신한다. 그러나 자연선택만이 종의 변이를 일으키는 원인은 아닐 것이다."라고 적어왔다. 그렇지만 이것은 모두 헛수고였다. 이미 고정되어 버린 오해의 힘은 대단했다.

# 가장 두려운 일

다윈이 자서전을 읽어줬으면 했던 첫 번째 독자인 손자 베르나르드 리쳐드 메리온 다윈(1876~1961)은 9월 7일에 태어났다. 그러나 가족들의 기쁨은 이내 큰 슬픔으로 변해버렸다. 아이의 엄마인 에이미 다윈이 아이를 낳은 지 얼마 되지 않아 세균에 감염되었고 이틀 뒤에 경련을 일으키며 죽고 말았다. 다윈은 이와 관련하여 다음과 같은 기록을 남겼다.

"이것은 지금까지 일어났던 어떤 일보다도 가장 두려운 일이다. 나는 이것이 앤의 죽음만큼 슬프지는 않지만, 이것은 불쌍한 앤의 죽음보다도 더 안 좋은 일이다."

"신은 이 불쌍한 프란시스에게 어떤 일이 닥칠지 알고 계시겠지. 그의 삶은 비참할 거야. 프란시스는 아이를 돌보기엔 너무 어려. 아이를 이곳으로 데려와야 할 거야. 프란시스에게 아내에 대한 기억들로 둘러싸여 있는 그 집에서 벗어나서 아이를 데리고 이곳으로 오라고 설득해야겠다."

망연자실해진 프란시스는 자신의 어린 아기를 데리고 다운 하우스로 이사를 왔다. 아기가 너무 엄숙하게 있어서 다윈과 엠마는 아기가 달라이 라마의 환생이 아닐까 하고 농담을 하기도 했다. 베르나르드를 즐겁게 만드는 유일한 것은 "수염이 난 할아버지의 얼굴을 보는 것"이었다. 다윈은 손자를 데리고는 과학적인 탐구를 하진 않았고 그저 집에 어린 아이가 있다는 사실에 기뻐했다. 그렇지만 아들인 프란시스는 갖가지 실험에 끌어들임으로써 죽은 아내를 떠올리지 않도록 하려고 노력했다.

## 멸종

다윈의 첫 번째 손자가 태어난 해는 다윈이 예언했던 두 가지 일이 현실화된 해이기도 하다. 하나는 멀리 떨어져 있는 포클랜드 군도에서 개와 비슷하게 생긴 와라가 멸종되었다는 것이다. 다윈은 과거에 외지인인 농부의 습격을 입을 이 지역의 동물상의 운명을 생각해본 적이 있었다. 또 다른 하나는, 지구의 반대편에 존재하는 한때 반 디멘의 땅이라고 불렸던 곳에서 정부 당국이 마지막 남은 정통 태즈메이니아인인 트루카니니가 죽었다는 발표를 했다는 것이다. 다윈은 비글호를 타고 반 디멘의 땅에 갔을 때, 태즈메이니아인이 어려움을 겪고 있다는 사실을 직접 관찰했었다.

# 벌레들의 차례

1880년대에 헉슬리는 「종의 기원에 대하여」가 초판을 인쇄한지 21년만에 "전성기"를 맞았다고 선언했다. 그렇지만 기력이 쇠하고 있던 다윈은 진화에 대해서 마지막 전쟁을 치르는 것을 꺼리고 생애에 출판될 마지막 책을 작업하는 것에 몸바쳤다. 다윈 생애에 출판된 마지막 책의 내용은 벌레가 그들의 환경과 식물의 움직임에 미치는 영향에 대한 것이었다.

다윈의 생각들은 분명히 다윈의 할아버지인 에라스무스를 떠올리게 한다. 독일의 한 출판사가 다윈에게 헌정하는 책을 쓰면서 다윈의 할아버지이자 과학자인 에라스무스 다윈에 대한 긴 글을 포함시켰다는 사실을 들었을 때, 다윈은 그 책을 영어로 번역하는 것을 주선했다. 다윈은 또한 이 책이 사무엘 버틀러[34]가 새롭게 제기한 비판에 대한 답이 되길 바랐다(사무엘 버틀러는 진화, 과거와 현재(1882)에서 다윈이 다윈의 할아버지가 변이에 대해서 했던 생각을 왜곡하고 있다고 주장하였다). 다윈은 번역한 책의 서문을 자신이 직접 작성하려 하였으나, 곧 이 책을 기획한 것 자체를 후회하게 되었다. 에른스트 크라우즈가 집필한 글의 일부는 크라우즈 자신이 직접 쓰지 않았다는 것이 밝혀졌다. 글의 일부분은 버틀러의 글을 그대로 옮겨놓은 것이었고, 다른 부분은 버틀러가 쓴 글을 비난하는 내용이었다. 버틀러에 대한 비판을 포함하고 있었던 다른 부분은 번역이 되기 전에 개정되었다. 그렇지만 버틀러는 개정되기 전의 것을 읽었고, 다윈이 겉으로 보기에는 순수한 가족 전기로 보이는 책에서 조차도 경쟁자를 공격하고 있다고 비난하였다. 엠마까지도 버틀러의 "불쾌하고 원한 가득한 편지"의 어조를 보고 감정이 폭발하자 다윈은 다시 한 번 버틀러와 한 판 붙을 준비를 하였다. 그러나 다윈은 결국 헉슬리의 충고를 받아들여 버틀러의 비난을 침묵으로 받아들였다.

> "나는 이제 막 집행유예를 받고 꼼짝 못하게 된 죄수가 된 기분이다."

## 고귀한 벌레

다윈이 생전에 마지막으로 출판한 책은 「벌레 습성의 관찰과 벌레의 작용으로 인한 채소 형태의 형성(1881)」이다. 이 책의 제목은 너무 길어서 대개 「벌레들」이라고 줄여서 불린다. 다윈은 이 주제에 대해서 그 특유의 철두철미함으로 접근했고, 벌레의 영향은 몇 주 내로 일어나는 것이 아니라 전 지구에 걸쳐 수 천 년에 걸쳐 일어난 것이라고 결론지었다. 다윈은 어린 시절에 남미에서 지진을 겪고 나서 지구가 단단한 고형이 아니라는 사실을 알고 있었다. 그리고 다윈은 리딩 지역 근처의 실체스터 안에 있는 빌딩의 고고학에 대해 책의 한 단원 전체를 할애했다. 이 빌딩은 수백 년 간 벌레의 작용을 받아 타일이 붙어 있는 바닥이 부서졌으며 돌벽은 고대 로마 도시인 칼리바 아트레바툼의 지면 아래까지 가라앉았다. "화폐와 금으로 만든 장신구, 돌로 만든 기구 등이 땅 위로 떨어진다면 이것들은 몇 년 되지 않아 벌레들의 똥에 묻혀 훗날 땅이 다시 드러나게 될 때까지 안전하게 보존될

---

34) 다윈이 어릴 때 다녔던 기숙학교의 교장 아들

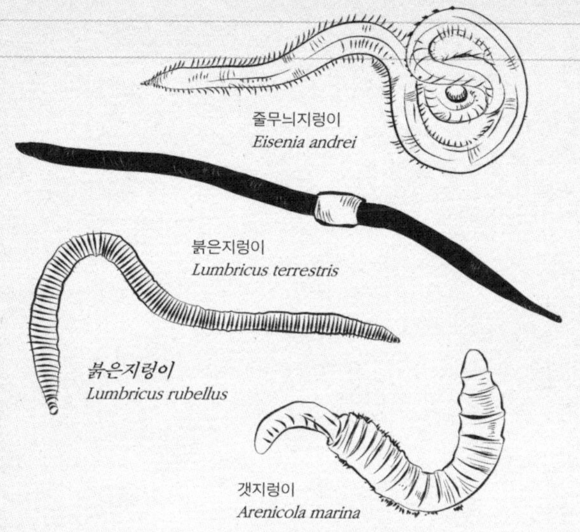

줄무늬지렁이
*Eisenia andrei*

붉은지렁이
*Lumbricus terrestris*

붉은지렁이
*Lumbricus rubellus*

갯지렁이
*Arenicola marina*

"고고학자들은 그들이 고대 유물들을 보존하는 수많은 벌레들에게 얼마나 많은 빚을 졌는지에 대해 아마 모를 것이다."

것이다." 다윈은 그의 고향인 슈루즈버리의 땅에서도 고대의 화살촉이 발견되었었다는 사실도 함께 적었다. 다윈은 그 화살촉들이 그저 땅 표면에 놓여 있던 것이 아니라 벌레들의 활동에 의해서 마치 쟁기의 작용과 같은 벌레의 활동에 의해서 휘저어 졌다고 설명하였다.

## 정원사들의 질문

다윈은 자신의 책인 「벌레들」이 상대적으로 중요하지 않은 업적이기 때문에 일부 과학자들만이 이 책에 관심을 보일 것이라고 생각했지만, 영국 사람들의 정원 가꾸기에 대한 사랑은 미처 생각하지 못했다. 이 책은 수천 권이 팔려나갔고 이와 관련하여 다윈이 생각하기에 '우스운' 편지들이 굉장히 많이 쏟아져 왔다. 편지의 내용은 지적인 사람이 보낸 관찰 내용과 질문들에서부터 성경에 대한 기이한 생각들까지 각양각색이었다. 엠마가 헨리에타에게 보낸 편지에는 다음과 같은 내용이 기록되어 있다. "너희 아버지가 받은 무식한 편지들 중에는 고상한 숙녀가 '달팽이를 죽이면 저에게 해로울까요. 아니면 벌레들에게 유용할까요?'라고 묻는 내용도 있었단다. 게다가 오스트레일리아의 한 신사가 보낸 편지에는 '왜 검게 변한 나무들의 하얀 그루터기가 양들의 색깔에 영향을 주지 않을까요? 야곱의 시대에는 영향을 주었는데.'라고 묻기도 했단다. 내 생각엔 그분이 그저 농담을 하신 것 같은데 너희 아버지는 그분이 꽤나 진지했다고 하시더구나."

「*편치*」 잡지에서 만든 1882년 달력에 실린 캐리커처
벌레에서 사람(그리고 다윈)으로 진화하는 모습을 우스꽝스럽게 나타냈다.

# 루비보다 더 소중한

다윈은 73번째 생일이 지나고 나서 얼마 되지 않아 다운 하우스에서 평화롭게 죽었다. 그의 죽음은 즉시 국가적인 소동을 일으켰다. 다윈은 자신의 집과 가까운 교회의 정원에 묻히고자 하였으나 다윈의 지지자들은 다윈의 시신을 웨스트민스터 대수도원에 안치해야 한다는 청원서를 제출하였다. 이번 장례가 아니면 영국이 어떤 방법으로도 다윈을 기릴 방법이 없다고 주장하는 사람들에 의해 다윈의 장례를 국장으로 치러야 한다는 논쟁이 일었다.

다윈의 건강은 이미 약해져 있었기는 하지만 1882년 초반에는 건강이 더욱 악화되었다. 다윈은 사색의 길을 걸을 때 오는 발작 때문에 고통받았다. 발작이 오면 그는 한 나무에서 다음 나무로 몸을 기대며 비틀거리면서 올 수 밖에 없었다. 그의 노트에 적혀있는 마지막 메모에는 마치 그가 며칠 안으로 침대를 뛰쳐나와 협심증으로 인한 기절에 관한 논문이라도 쓸 것처럼, 그의 질병 증상에 대해 무덤덤히 적혀있다.

그러나 다윈은 빠르게 기력을 소진해 갔고 마지막 삼일 동안은 누워서 엠마의 보살핌을 받았다. 엠마는 다윈의 임종이 가까워지고 있다는 것을 알고 있었고 이제 어떤 도움도 줄 수 없는 의사들 때문에 다윈이 스트레스를 받지 않도록 의사의 방문을 최소화 하였다.

다윈은 엠마에게 "당신에게 이렇게 병간호를 받으니 아플만하네요."라고 농담을 했다. 엠마는 평생 다윈과 종교적인 문제에서 대립하고 있었고, 다윈이 믿음을 갖지 않는다면 지옥에 떨어질까 봐 조급해했다. 다윈은 그녀를 안심시키기 위해서 "나는 죽음이 두렵지 않아요. 당신이 얼마나 좋은 아내였었는지를 기억하세요."라고 덧붙였다.

다윈은 1882년 4월 19일 수요일 오후에 아내의 품속에서 의식을 잃고 세상을 떠났다.

## 뛰어난 영국인

다윈은 진심으로 도네 마을 근처에 있는 교회의 마당에 묻히기를 원했다. 그 곳은 어린 나이로 죽은 메리와 찰스, 그리고 그의 형인 에라스무스의 무덤과 가까이에 있었고, 엠마도 죽고 나서 그곳에 묻히기로 되어 있었기 때문이다(앤의 무덤은 말번에 있다).

그러나 다윈의 추종자들은 다른 생각을 가지고 있었다. 그들은 다윈이 죽고 나자 의원 20명의 서명을 받아 "뛰어난 영국인인 다윈은 웨스트민스터 대수도원에 안치되어야 한다."며 청원서를 냈다.

엠마는 다윈의 진심을 알고 있었기 때문에 처음에는 대수도원에 다

"지금까지 그 어떤 생각도 켄트의 작은 시골마을에서 지난 23년간 나온 생각만큼 사람과 사람의 지능에 대해 완벽한 철퇴를 가한 것은 없었다."

– 런던 타임즈

런던의 웨스트민스터 대수도원
다윈이 안치되어 있는 장소

원의 묘를 만드는 것을 꺼렸다. 그러나 그녀의 장남인 윌리암이 엠마를 설득했다. 엠마는 다음과 같은 기록을 남겼다. "윌리암이 강하게 원하고 있었고, 나도 심사숙고 끝에 남편의 정중하고 감사할 줄 아는 성품이라면 자신이 한 일에 대해서 인정받기를 원할 것이라고 생각했다."

엠마와 윌리암이 어떤 일이 옳은 가에 대해서 논의하고 있을 때에도, 언론에서는 이것에 대한 다양한 논쟁들이 있었다. 스탠다드에서는 다윈이 그의 고향인 교회 마당에 묻히고 싶다고 했을지라도 웨스트민스터 대수도원에 안치되는 것이 더 적절하다는 기사를 냈다. 곧 다른 신문들도 영국을 빛낸 위인들과 비교하여 기사를 내기 시작했다. 다윈을 현대의 아이작 뉴턴이라고 볼 수 있다는 점과 국가에서 다윈을 기리기 위해 해줄 수 있는 것은 이 방법이 유일하다는 사실이 다윈이 대수도원에 묻히는 것이 정당하다는 것을 뒷받침해 주었다. 다윈은 영국 이외에의 다른 나라에서 기사 작위와 동일할 만큼 명예로운 상을 받기는 했지만 정작 영국에서는 이와 같은 상을 받은 적이 없었다. 다윈을 이 나라를 대표하는 교회에 묻는 것은 영국의 기득권층이 「종의 기원에 대하여」라는 책과 과학에 막대한 기여를 한 저자를 인정할 수 있는 마지막 방법이었다.

결국 다윈을 웨스트민스터 대수도원에 안치시키는 것이 합의되었고 이 결정에 공공연하게 불만을 제기한 유일한 사람은 도네에 있는 술집 주인인 조지와 드래곤이었다. 그들이 불만을 가진 이유는 다윈의 장례식이 도네에서 열리는 것이 사업상 좋은 기회가 될 것이라고 생각하고 있었기 때문이다. 4월 26일에 열린 다윈의 장례식에 다윈의 관을 옮기는 사람에는 아르길의 공작, 알프레드 러셀 월러스, 조셉 후커, 그리고 토마스 헉슬리가 포함되어 있었다. 화려한 의식은 잠언 구절을 이용하여 특별히 제작된 찬송가로 마무리되었다. 앎을 추구하는 것에 대한 즐거움과 영원한 삶으로의 여행, 그리고 평안의 길에 대한 이 찬송가는 아마 작곡가가 곡을 만들면서 예상했던 것보다도 다윈의 장례식에 더 잘 어울렸을 것이다.

## 다윈의 상속인 : 윌리암

다윈의 장남인 윌리암(1839~1914)는 다윈이 가졌던 것과 비슷한 병을 앓아서 보장되어 있던 법조계의 길을 포기해야만 했다. 그는 싸우스햄프턴의 은행에서 일했으며 아버지의 장례식에서 장갑을 머리 위에 얹고 있음으로써 소동을 일으켰다.—윌리암은 대머리여서 머리가 시렸으나 대수도원 안에서 모자를 쓰는 것은 금지되어 있었다.

## 잠언 3:13~17

지혜와 깨달음을 가진 자는 행복하다. 그것은 은이나 금보다 더 가치 있고 유익하기 때문이다. 지혜는 루비보다 더 귀한 것이므로 네가 갖고 싶어 하는 그 어떤 것도 이것과 비교가 되지 않는다. 그 오른손에는 장수가 있고 그 왼손에는 부귀가 있으니 그 길은 즐거움과 평안의 길이다.

# CHAPTER NINE

# 다윈의
# 장기적 유산

# 다윈 없는 세계

다윈이 죽고 나서 잠시 동안 다윈의 이론은 점점 힘을 잃어갔다. 다윈의 이론은 신의 영향을 지지하는 세력들의 주장들과, 라마르크의 이론을 지지하는 사람들과, 자연선택에 의해 서서히 진화되는 것이 아니라 갑자기 비약적인 변화에 의해 진화가 일어난다고 믿는 사람들에 의해서 흔들리는 것처럼 보였다. 다윈의 이론과 유전학이 혼합되어 "현대적 진화론"이 만들어 지기 까지는 40여년의 시간이 필요했다.

사람들이 다윈에 대한 기억을 점차 잃어가고 다윈의 열렬한 지지자들이 나이가 들어 학계를 떠나게 되어 다윈 의견에 반대하는 사람들이 득세하자, 헉슬리의 손자인 줄리안은 "다윈의 죽음" 후 수십 년을 글로 쓰고자 하였다. 진화론은 자연 과학자들 사이에서 생물학의 요소로 동의되었음에도 불구하고, 진화의 원동력에 대해서는 강력한 반대의견들이 있었다. 자연선택에 대한 다윈의 개념은 진화의 원동력에 대한 많은 주장들 중 하나였으며, 잠시 동안 다른 주장들에 의해 가려져 있었다.

## 창조주에 의한 진화

아르길의 공작인 미바트를 비롯한 다른 많은 이들은 신이 진화의 움직임과 방향을 조종한다고 주장했다. 이 주장은 19세기 후반에 한 번 더 사람들의 마음을 흔들어놓았다. 다윈 자신은 "제1원인"—우주를 만든 알 수 없는 창조적인 힘—의 가능성을 배제하지는 않았지만, 성경이나 기독교의 신 또는 다른 신념 체계를 믿을 필요가 있다고 보지는 못했다. 창조주에 의한 진화는 그것을 입증할 증거의 수단이 부족했기 때문에 과학적인 설명으로 보는 것이 불가능했다. 어떻게 임의의 사건이 실제로 "신의 계획"의 일부임을 증명할 수 있겠는가?

## 세포간 범생설

네덜란드 생물학자 휴고 드 브리스(1848~1935)는 1889년에 배아에 대한 다윈의 이론에 근거하여 세포간 범생설을 주장하였다. 이 이론에서 드 브리스는 살아있는 생물체는 다른 살아있는 생물체를 만들기 위해 필요한 정보를 포함하는 입자, 곧 "범유전자"를 소유한다고 주장했다. 그는 다윈이 이미 시도했었던 것처럼, 달맞이꽃의 식물 교배 실험을 이용하여 이 이론을 증명하고자 하였다. 드 브리스는 또한 범유전자가 서로 다른 종 사이에서도 교환되는 것이 가능하다고 믿었다. 드 브리스는 1890년대부터 1900년대까지 멘델의 업적을 재발견하였고, 또 다른 두 명의 생물학자들이 멘델의 연구와 범생설과의 유사성을 지적했다. 한 세대가 지난 후 범유전자라고 불렸던 입자는 유전자라는 이름으로 더 잘 알려지게 되었다.

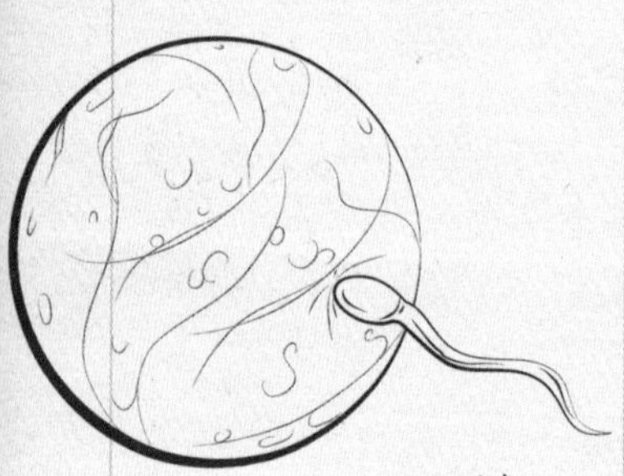

과학자들은 계속해서 무엇이 정자와 난자의 결합을 이끌어 새로운 생명체를 만들어내는 것일까에 대한 생각을 하였다.

다윈의 이론을 일시적으로 대체 했던 휴고 드 브리스의 범생설

## 바이스만 장벽

어거스트 바이스만(1834~1914)은 역시 다윈의 제뮬 이론에 근거하여 새로운 생명을 형성하는 난자와 정자 세포 안에 일종의 "생식질"이 있을지도 모른다고 주장하였다. 바이스만은 생식세포가 생물체의 나머지 부분을 구성하고 있는 "체세포"를 만들어 냈지만, 체세포가 생식세포에 영향을 미치지는 못한다고 주장했다. 비록 현대 과학에서 생식질의 개념은 반증되었지만, 유전이 일방통행이라는 생각, 즉, 생물은 자신의 생애동안 얻게 된 특성들을 자손에게 전해줄 수 없다는 생각은 다윈 이후 생물학의 중요한 개념이 되었다. 이것은 획득 형질이 유전될 수 없다는 것을 의미했고, 라마르크 이론이 잘못되었다는 것을 알리는 결과를 가져왔다.

35) 모건 박사는 처음에 멘델의 유전법칙을 반박하기 위해서 실험을 수행했으나 자신의 생각과는 정반대로 멘델의 유전법칙의 증거를 발견하게 된다.

## 도약 진화

다윈이 "자연은 비약적으로 변화하지 않는다."고 주장했던 반면, 다른 생물학자들은 자연이 비약적으로 변화한다고 생각하는 것을 좋아했다. 드 브리스를 포함한 "도약 진화를 지지하는 학자들"은 자연이 실제로 우주 광선 및 기타 영향으로부터 나오는 방사선에 의한 돌연변이를 통해 비약적으로 변화할 수 있다고 주장했다. 토마스 헌트 모건(1866~1945)은 초파리 개체군 실험을 하고, 신중하게 초파리를 교배시켜 돌연변이를 일으키게 했고, 방사선 및 화학 물질에 노출시켜 이를 증명하였다. 그는 자신이 증명하고자 했던 것과 전혀 다른 것을 증명하게 되자 깜짝 놀랐다.35) 다윈이 60년 전에 모샹의 메리노 양을 관찰할 때, 사육자들이 그들에게 중요한 의미를 갖는 하나의 변화에만 집착하고, 그것과 동반되는 다른 변화들은 무시한다는 사실을 알아차렸었다. 붉은 눈 초파리 대신 흰 눈 초파리를 번식하려고 시도하는 동안, 모건은 눈 색깔과는 상관없이 유전되는 작은 날개 돌연변이를 발견하였다. 모건은 데이터를 보고 진화가 비약적으로 일어나는 것이 아니라 별개의 작은 단위들로 진행된다고 결론지었다. 이것은 유전자의 존재와 자연선택을 모두 지지하는 또 다른 주장이었다.

### 왜 초파리인가?

모건과 다른 많은 유전학자들은 작은 초파리(노랑초파리)를 실험재료로 사용하는 것을 좋아했는데, 그것은 초파리들의 한 세대가 짧았기 때문이었다. 암컷은 부화한 지 몇 시간 이내에 짝짓기를 준비했고, 인간은 한 세대가 20년인 것에 비해 초파리의 "세대"는 약 10일 정도 밖에 되지 않았다.

초파리는 또한 쉽게 구분이 가능한 특성들과 적은 수의 염색체를 가지고 있어서 생김새와 유전적 구성의 변화를 추적하기 쉬웠다. 오늘날에도 초파리는 과학자들에게 중요한 모델 동물이다. 인간 유전자의 75%가 초파리의 게놈과 일치하기 때문에 현대 과학자들은 초파리를 가지고 암, 당뇨병 등 인간의 질병을 연구한다.

# 죽기 직전에 마음을 바꿨는가?

다윈의 자서전 단편들은 종교에 대한 논쟁적인 의견들을 생략한 채로 그가 죽고 나서 5년이 지난 후에 출판되었다. 미국 한 잡지가 다윈이 죽기 직전에 종교에 대한 의견을 바꿨다는 이야기를 실었을 때, 다윈의 두 아들은 그것을 격렬하게 부인했다. 그러나 다윈의 진정한 생각들이 생략되지 않은 버전의 자서전이 나오기 까지는 수십 년이 걸렸다.

자녀 없이 죽은 형인 에라스무스의 재산과 합쳐진 다윈의 재산은 일만 파운드의 4분의 1에 달했는데, 19세기에 이 돈은 어마어마한 가치가 있었다. 따라서 다윈의 상속을 받은 사람들은 상당히 부유했다. 다윈의 책들은 그가 죽은 이후에도 계속해서 출판되었으며, 그의 이름은 여러 저널과 학문들에서 언급되었다. 엠마 다윈은 1896년까지에 살았으며, 그녀의 자손들 중 몇몇은 아버지가 대중에게 밝혔던 종교에 대한 태도 때문에 고통받을 어머니의 기독교적 감성을 보호하기 위해 함께 노력했던 것으로 보인다.

## 다윈의 상속인 : 프랭크와 에티

프란시스 다윈(1848~1925)은 그의 아버지와 비교해볼 때 대단한 업적을 남긴 것은 아니었지만 그 역시 자연 과학자였다. 프란시스 다윈의 가장 위대한 업적은 자엽초의 굴광성을 발견한 것이다. 그는 이 연구 내용을 아버지와 공동으로 출판한 「식물 움직임의 힘」에 실었다. 다윈이 죽은 지 5년 후, 프란시스는 아버지의 자서전의 단편들을 통합하여 「찰스 다윈의 삶과 학문」을 편집하였다. 프란시스와 그의 어머니는 다윈의 종교에 대한 개인적인 의견이 어디를 가나 논쟁의 대상이 되고, 자신들을 고통스럽게 한다는 것을 감안하여 책에는 다윈의 종교에 대해 서술한 내용을 제거하고 싣지 않았다.

## 다윈의 생각을 지켜주다

레이디 호프(박스 참조)가 다윈이 독실한 기독교인이라는 주장을 출판했을 때, 프란시스는 1918년, 그녀의 이야기를 "상당히 거짓"이라고 하며 반박문을 작성하였다. 그러나 그녀의 말이 "거짓말"이라고 직접적으로 밝혔음에도 불구하고, 레이디 호프가 만들어 낸 이야기는 계속 번창했다. 레이디 호프가 죽고 나서도 다윈의 또 다른 자녀들은 그녀가 만들어낸 소문을 가라앉힐 의무를 물려받았다. 로버트 리치 필드와 결혼한 헨리에타(에티) 다윈(1843~1929)은 아버지의 후반부 도서들을 편집하는 것을 도왔고, 후에 「엠마 다윈, 찰스 다윈의 아내 : 한 세기 동안 가족 내에서 주고 받은 편지들(1904)」을 편집하였다. 레이디 호프 이야기는 1922년에 재부상하였고, 연로한 "R.B 리치필드 부인"은 기독교 잡지에 완고한 답

---

### 호프의 거짓말

1915년, 레이디 호프로 알려진 엘리자베스 리드는 미국의 침례교 신문인 워치만 엑사미너에 다윈이 죽기 전에 자신이 잠깐 그를 방문했었고 그가 읽고 있었던 성경에 대해 함께 이야기 했다고 주장하는 글을 작성했다.

그녀는 다윈이 성경을 사랑했었으며 그녀에게 "그리스도 예수와 그분의 구원"에 대한 설교를 하게 해달라고 애원했으며, 그의 이론을 철회하고 싶다고 말하기까지 했다고 주장했다.

그녀는 다윈이 다음과 같이 말했다고 주장했다. "나는 충분히 형성되지 않은 생각을 가진 사람이었다. 나는 항상 모든 것에 호기심, 제안, 의문을 던졌고, 그리고 놀랍게도 그 생각들은 들불처럼 퍼져나갔다. 그리고 사람들이 나의 생각을 종교로 만들어 버렸다."

변을 썼다. "나는 아버지의 임종에 참석했고 레이디 호프는 아버지의 마지막 순간, 아니 그 어떤 병환 중에도 온 적이 없었다. 나는 아버지가 결코 그녀를 만나지 않았다고 믿고, 어떤 경우에라도 그녀가 그에게 사고나 신념의 어떤 부분이라도 영향을 미치지 않았을 것을 믿는다. 아버지는 그 이후나 이전에도 결코 자신의 과학적 관점을 철회하지 않았다."

## 다윈의 상속인 : 호레이스와 그의 자녀들

호프가 제기한 의혹은 그 다음 세대에서도 계속되었다. 막내아들인 호레이스(1851~1928)는 과학 기자재 회사의 주인이 되었다. 호레이스의 세 자녀 중 장남인 또 다른 에라스무스는 1915년 이프르의 두 번째 전투에서 죽었다. 호레이스의 차남인 루스 리스-토마스는 당시에 성장하고 있었던 우생학을 지지하던 사람과 결혼하였다. 그리고 막내인 노라 발로우는 「종의 기원에 대하여」 출판 100주년을 기념하기 위해 1958년에 프란시스가 지은 「삶과 편지」들을 새로운 버전으로 편집하였다. 발로우는 다윈이 가졌던 종교에 대한 의견 때문에 상처받은 사람 대부분이 이제 죽었을 것이라고 생각하여 그녀의 삼촌에 의해 제거되었던 구절을 다시 복구했다. 게다가 발로우는 다윈 자신의 말이 다윈이 죽기 직전에 마음을 바꿨다고 주장하는 레이디 호프와 같은 부류의 사람들에게 대항하는 최선의 방어가 된다고 여겼다.

다윈의 손자인 에라스무스는 제1차 세계대전 당시 이프르에서의 두 번째 전투에서 죽었다. 이 전투는 군대의 "진화"에 있어 끔찍하고도 획기적인 사건이었다.

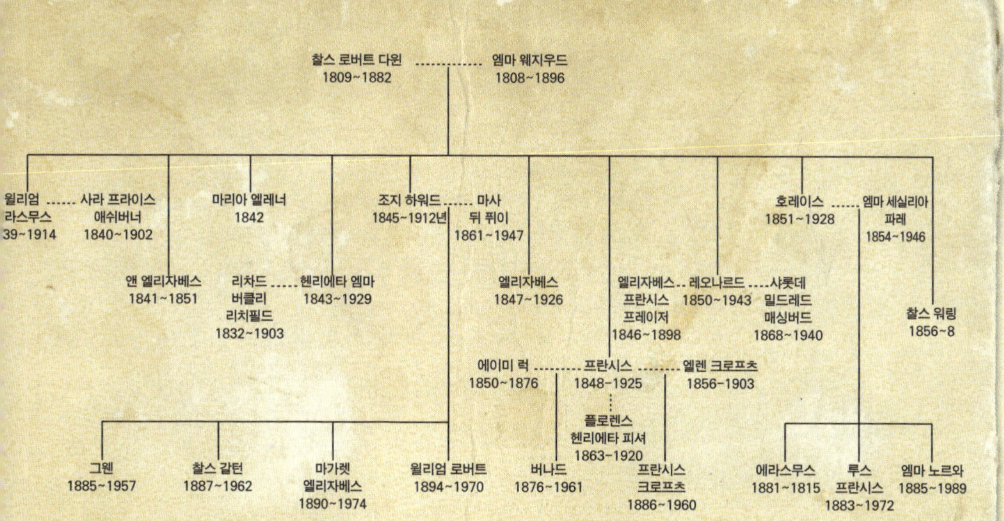

# 잃어버린 고리들

다원의 죽음 후, 화석 기록의 새로운 발견은 인류의 발달의 여러 중간 단계가 존재한다는 것을 시사하였다. 다원이 공룡과 조류 사이의 고리라고 제안하였던 시조새처럼 몇몇 초기 인류는 유인원으로부터 현대 인류로의 유사발달을 보여주는 것으로 설명되었다. 다원이 예상했던 대로 화석 기록은 자신의 이론을 지지하기 시작했다.

네덜란드 탐험가 유진 두비스(1858~1940)는 다원의 가설을 증명할 수 있는 잃어버린 고리들을 찾기 시작했다. 그는 자바에서 찾은 두개골과 다리뼈의 조각을 피테칸트로푸스 에렉투스("직립 원숭이—인간")라고 불렀다. 그 이후에 중국 저우커우텐에서 발견한 "북경 원인"은 20세기 초반의 많은 생물학자들이 인류의 기원이 아프리카에 있다는 다원의 가정이 잘못되었다고 생각하도록 이끌었다. 그러나 아프리카에서 인류의 더 오래된 조상들의 증거들이 계속 발견됨에 따라 인류의 기원이 아시아라고 생각하는 사람은 점점 줄어들었다.

## 라에톨리 발자국

1978년 고고학자 메리 리키는 탄자니아 라에톨리에서 발자국 화석 세트를 발견하였다. 그 발자국 화석들은 화산 분출을 피하여 달아난 인류 가족에 의해 만들어진 발자국에 화산재가 떨어져 쌓이면서 생성된 것으로 보였다. 메리 리키는 발자국의 크기와 간격을 통해서 그 인류의 키, 몸무게, 보행에 대해 알아낼 수 있었다. 리키가 찾아낸 증거에 의하면 그들은 여유있는 속도로 직립 보행을 하였다.

라에톨리 발자국은 직립보행을 하는 인류의 가장 초기의 증거를 보여준다.

## 적자생존?

다원은 그가 살아있을 때 독일의 네안데르탈 계곡에서 1856년에 원시 인류의 두개골이 발견된 것을 알고 있었다. 유럽 어딘가에서 그보다 더 일찍 발견됐던 두개골도 같은 종류의 원시 인류의 것이라는 것이 이 이후에 밝혀지긴 했지만 그 원시 인류는 호모 네안데르타린시스(*Homo neanderthalensis*) 즉, 네안데르탈인이라고 불려졌다. 잘 발달한 눈썹과 경사진 이마를 가졌으며 털이 많은 네안데르탈인은 도구를 사용하였으며, 다원 시대의 진화론자들에 의해 현생 인류의 초기 단계일 가능성이 있는 것으로 간주되었다. 그러나 네안데르탈인에 대한 논쟁은 현재에 이르기까지 계속되었고, 네안데르탈

> "우리는 서로를 더욱 밀접히 관련지어 주면서도 더욱 확실히 구별 가능하도록 해주는 어떤 연결고리를 찾아야 한다."

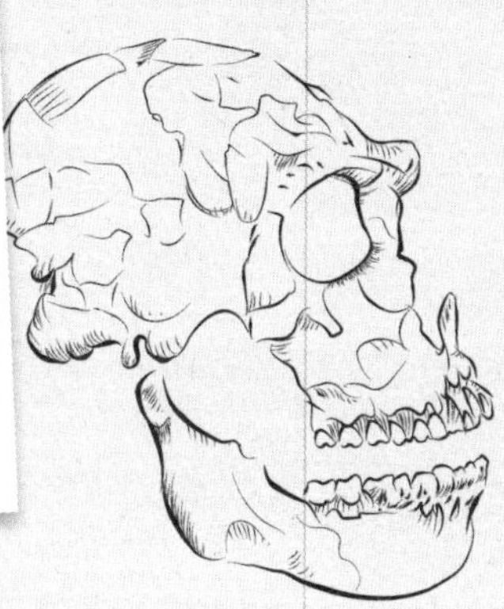

1959년, 루이스와 메리 리키는 60만년 전으로 추정되는 두개골을 붙잡고 있다. 과학자들은 인간 진화의 중심이 아시아보다는 아프리카에 있음을 믿게 되었다.

## "마다가스카에 28cm 정도까지 확장할 수 있는 주둥이를 가진 나방이 있음이 분명하다!"

인의 위치는 계속되는 새로운 발견들과 추측들 그리고 유전자 지도에 의해 바뀌어져 왔다.

화석 기록의 초기 인류 중 몇몇은 현대 인간(호모 사피엔스 ; "현명한 인간")의 등장 도중 혹은 그 이전에 멸종된 것으로 보인다. 호모 에렉투스 중 일부 종류는 겨우 십만 년 전까지만 존재하였고, 네안데르탈인은 어딘가에서 호모 사피엔스와 함께 살았던 것으로 보인다.

네안데르탈인의 운명은 확실히 밝혀지지 않았다. 네안데르탈인과 호모 사피엔스가 함께 교배할 수 있을 만큼 충분히 가까운 관계일 것이라는 추측은 DNA 연구를 통해 입증되고 있다. 또한 DNA 증거는 "네안데르탈인이 새로 이주해온 상대에 의해 전멸하였을 것이다."나, "네안데르탈인은 새로 이주해오는 자들과 접촉할 모든 가능성을 피하기 위해서 특정 지역에 고립된 채로 멸종했을 것이다."와 같은 전혀 다른 주장에 대한 증거가 되기도 한다.

### 박각시나방

「영국과 외국 난초가 곤충에 의해 수정되기 위해 가지고 있는 다양한 기구에 대하여, 그리고 이종 교배의 장점에 대하여(1862)」라는 책에서 다윈은 마다가스카르에서 베이트만이 보낸 별 난초 샘플은 28cm의 주둥이를 가지고 있는 나방이 있어야 꽃에 상처를 입히지 않고 꿀을 먹을 수 있을 것이라고 기록했다. 그리고 다윈은 자신의 자연선택 이론이 맞다면 그러한 나방이 결국 발견될 것이라고 예측하였다. 그렇지 않고서야 난초가 달리 수분될 방법이 없었기 때문이다.

아니나 다를까, 1903년 그러한 나방이 발견되었고, 그 나방은 크산토판 박각시나방(Xanthopan morgani praedicta : 여기서 praedicta는 '예언된'이라는 뜻이다.)이라고 이름 붙여졌다.

20세기 초에 발견된 북경 원인은 유인원과 인간 사이의 중간 단계의 또 다른 가능성이다.

# 사회적 다윈주의

많은 유럽의 사상가, 특히 열렬한 동물학자 에른스트 헤켈은 인간 사회에 대한 다윈 이론의 효과를 논쟁하기 시작했다. 행운은 적자를 선호한다면, 사회에서의 "적자"라는 것은 과연 무엇인가? 사람들은 곧 특정 인종은 우수하고 다른 인종은 열등할 것이라는 위험한 논쟁을 하기 시작했다. 다윈은 현대 인종 사이의 유사성을 강조했지만, 다윈의 사촌 프란시스 갈턴은 인종 간의 차이에 집중하기 시작했다.

에른스트 헤켈(1834~1919)은 때때로 "독일의 다윈"이라고 불렸다. 다윈이 살아있는 동안 영국에서는 여전히 다윈에 대한 논란이 있었음에도 불구하고, 예나 대학에서의 헤켈의 강의 "다윈주의"는 한 번에 수강인원이 150명이나 되었고, 유럽의 과학자들이 다윈을 존중하도록 고무시켰다. 헉슬리에 의해 가치 있는 사람이라고 천명된 헤켈은 다운 하우스에 있는 다윈을 방문하는 드문 손님들 중 하나였는데 헤켈과 다윈은 서로의 언어를 완벽히 이해하지 못하면서도 흥분하면서 토론을 하곤 했다. 이것은 그들에게 매우 신나는 일이었지만 엠마 다윈에게는 굉장히 짜증나는 일이었다.

## 발생 반복

헤켈은 1866년 자궁에서의 배아의 발생이 한 종의 "발달 단계를 반복한다."고 주장하였는데 이것은 배아가 발생하며 진화하면서 지나온 조상종(어류, 파충류, 하등한 포유류 등등)의 요소를 보여준다는 것을 의미했다. 다윈은 자서전에서 헤켈의 "발견"에 대하여 약간 투덜거렸는데, 왜냐하면 「종의 기원에 대하여」를 집필한 초기에 자신이 이미 그 생각을 했다고 여겼기 때문이다. 발생 반복은 헤켈 이론의 일부가 되었고, 그것은 인류 자신이 스스로 낮은 등급과 높은 등급을 가지고 있고, 말하자면 헤켈 자신의 인종인 유럽 백인이 아프리카의 흑인보다 생명의 나무에서 우수한 가지를 차지하고 있다는 것이다. 그러나 오늘날 많은 사람들이 발생 반복에 대한 의혹을 가지고 있다. 배아는 초기 종들의 요소들을 보여주긴 하지만 각각의 종이 별개로 구분되는 시점까지 반복되는 것은 아니기 때문이다.

여하튼, 헤켈의 이론은 곧 다른 곳에 사용되었다. 이 이론은 생물의 사회적 지위를 결정할 것을 제안하였다. 백인 문화와 문명이 "우수한" 것이라면, 사회적으로도, 재정적으로도, 교육적으로도 생물학적으로 하등한 "열등 민족"을 구해낼 수 없다는 것이다.

## 중국인을 위한 : 적합한 제안?

"나는 국가 정책으로 중국인들을 아프리카의 동쪽 해안에 정착하는 것을 격려할 것을 제안한다. 중국인 이민자들은 자신의 지위를 유지할 수 있을 뿐 아니라, 중국인들이 번성하고 그들의 자손들이 열등한 흑인종을 대신할 것이라는 생각을 하기 때문이다. 지금 게으르고 쓸모없는 야만인들이 드문드문 살고 있는 아프리카 해안이 몇 년 내에 근면하고 질서를 사랑하는 중국인들이 중국을 반쯤만 의지한 채로, 혹은 중국에서 완전히 벗어나 자신들만의 완벽한 법을 만들어내어 살아가게 될 것이라고 기대한다."

– 프란시스 갈턴, 타임지에 보내는 편지, 1873년 6월 5일

에른스트 헤켈의 「*아름다운 자연의 예술행위*」의 일부

## 헤켈의 기억

"마차를 타고 아이비와 느릅나무들을 헤치며 다윈의 집을 찾아갔을 때, 위대한 과학자가 나를 만나기 위해 덩굴이 덮인 현관의 그늘에 서 있었다. 그는 크고 덕망 있는 모습이었다. 그는 생각의 세계를 이고 있는 아틀라스같이 넓은 어깨를 가지고 있었고 고상하고 넓고 둥근 주피터를 닮은 이마에 지성적인 일의 쟁기질로 생긴 깊은 주름을 가지고 있었다. 부드럽고 친절한 눈은 돌출된 눈썹의 지붕에 의해 가려져 있었다. 부드러운 입은 긴 은빛 흰색 수염으로 덮여 있었다. 나는 그와 대화를 나누고 1시간 만에 그의 고상한 얼굴, 안락하고 부드러운 음성, 느리고 신중한 발음, 대화의 자연스럽고 단순한 논조에 마음을 빼앗겼다. 그것은 내가 그의 훌륭한 연구를 처음 읽고 마음을 빼앗긴 때와 같았다. 마치 소크라테스나 아리스토텔레스 같은 고대 그리스의 덕망 있는 현인이 내 앞에 나타난 것 같았다."

– 에른스트 헤켈

# 선천적인 것 vs. 후천적인 것

다윈의 사촌 프란시스 갈턴은 이와 같은 사고의 연장선상에서 탐구를 계속했다. 갈턴은 지성과 능력이 다음 세대에 유전될 수 있는지 의문을 가졌고, 그는 이러한 특성이 선천적으로 만들어졌는지(유전되었는지) 후천적으로 만들어졌는지(학습되었는지)에 대한 의문을 실험을 통해 알아보기 시작했다. 갈턴은 얼마나 많은 자손이 그들의 아버지의 빛나는 발자취를 따르는지를 추측한 「유전되는 천재(1869)」를 발간하였다. 그는 이후에도 1874년에는 왕립 학회 회원에게 설문지를 배포하여 연구하였고, 「쌍둥이의 역사(1875)」라는 책을 썼다. 이 연구는 행동 유전학에서 처음으로 일란성 쌍둥이를 활용한 연구가 되었다. 일란성 쌍둥이를 활용하면 선천적인 특성이 동일한 상태에서 후천적으로 길러진 특성의 차이를 연구할 수 있게 된다. 다윈이 죽고 얼마 되지 않아, 갈턴은 「인간의 능력과 발달에 대한 연구(1883)」를 발간하였고, 갈턴은 이 책에서 선천적인 것이 후천적인 것보다 더 영향을 미친다고 결론 맺었다. 갈턴의 관점에 따르면, 우수한 인간은 번식을 늦게 하며, 대게 자손을 조금만 낳는다. 그는 사회가 우수한 인간이 더 많은 자손을 낳을 수 있도록 인센티브를 주는 점수 제도를 개발해야 한다고 주장하였다. 갈턴은 이러한 제도가 열등한 인간이 퍼지는 것이나 나쁜 번식을 방지해준다고 생각했다. 그는 심지어 이렇게 "좋은" 반대를 지칭하기 위해 "우생학"이라는 새로운 용어를 만들어냈다.

### 프란시스 갈턴(1822~1911)

오직 적자의 번식만이 허용되는 유토피아에 관한 소설인 「어디에도 없는 곳」을 썼다. 오늘날에는 단편들만이 남아있다.

# 우생학

"동정심"이 인간 진화의 높은 특성 중 하나라고 했던 다윈의 경고에도 불구하고, 20세기 초반의 사람들은 그의 아이디어를 왜곡하여 바라보았다. 가장 악명 높았던 나치가 지배한 독일을 비롯해서 많은 국가 단체들이 인종의 "순수성"과 힘이라는 개념을 발전시켰다.

우생학 운동은 전 세계에서 지지되었다. 미국의 알렉산더 그레이엄 벨은 마샤의 빈야드에서 선천성 청각 장애에 대해 조사하여 결과를 발표하였다. 그는 부모가 두 명 다 청각 장애인일 때 청각 장애인 아이를 가질 가능성이 높다고 결론을 내렸다. 계속해서 그는 자신의 장애와 같은 장애를 가진 사람들끼리는 결혼을 하지 말아야 한다고 주장하였다.

1910년부터 우생학 기록 사무국(ERO)은 많은 가족들의 가계도를 조사하였고, 이것은 "바람직하지 못한" 혼합 인종의 입국을 막고, "부적합한" 아이가 생기게 한다고 여겨지는 개인의 결혼을 막기 위한 국가 프로그램을 만들어냈다. 미국의 우생학은 바람직하지 못한 동유럽인, 아프리카 흑인, 아시아에 대해서 언급하면서, 일반적으로 "북유럽"인종을 선호하였다. 일부 주에서는 추가적인 움직임이 있었는데, 그것은 "열등한" 사람들이 번식하지 못하게 하는 불임 프로그램이었다.

다윈이 쉽게 눈으로 확인할 수 있는 차이점인 피부 색깔로 인종들 사이에서 어떤 의미 있는 차이를 찾아내는 것을 거부해 왔던 것처럼, ERO의 통계 또한 재정적인 그리고 사회적인 배경이 유전 요인보다 훨씬 더 범죄 행위에 영향을 미칠 가능성이 크다고 보여주었다. 그럼에도 불구하고, 여러 나라에서 우생학 프로그램이 나타났다. 심지어 우생학 프로그램들이 낙태와 피임을 포함하고 있는데도 불구하고 몇몇 가톨릭 국가에서도 우생학 프로그램을 적용시키고자 하였다.

호주에서는 부모들이 자식들이 "백인"으로 길러지기를 바라며 혼혈 아들을 가졌다. 캐나다에서는 1972년까지 "정신적 결함이 있는" 국민의 불임이 합법화되었다. 또한 우생학은 유럽이나 유럽의 식민지에만 제한된 것은 아니었다. 일본에서는 일부 정신 질환자와 선천적인 이유로 상습적으로 범죄를 일으키는 사람에게도 비슷한 규칙이 적용되었다.

"스파르타인들 사이에서 새로 태어난 자녀들은 모두 신중한 시험 또는 선택의 대상이 되었다. 약하고 아프고 신체적 질환의 영향을 받은 이들은 모두 사망했다. 오직 완벽하게 건강하고 강한 아이들만이 살 수 있었고, 그들만이 후에 종족을 퍼뜨릴 수 있었다."

– 에른스트 헤켈

1942년 8월에 첼레(현재 슬로베니아)에서 온 빨치산 부모의 아이들이 오스트리아 프론레이튼에 도착하였고, 독일 군사 경찰을 만났다. 아이들은 "바람직한 인종"으로 분류되었으며, 어린이집이나 양부모들에게 배치되었고, 그곳에서 그들은 나치 이데올로기에 세뇌 당하였다.

## 다윈의 상속인 : 레오나르드

다윈의 아들 레오나르드(1850~1943)는 갈턴 이론의 열광적인 지지자였다. 전직 군인이었으며 한때 과학자였던 그는 우생학 교육 학회 회장으로서 갈턴의 뒤를 이었다. 그는 1911년부터 1928년까지 회장이었으며 그때 명칭을 우생학 협회로 변경하였다. 아이러니하게도 레오나르드는 다윈의 자녀들 중 자신이 가장 똑똑하지 않다고 생각하였고, 자신의 사촌과 결혼하였다. 영국에는 우생학 지지자들이 있긴 했지만, 결코 영국 정부의 프로그램이 되지는 않았다.

## 지배자 민족

우생학은 독일에서 아돌프 히틀러와 나치 당원들이 권력을 가졌을 동안 가장 악명을 떨쳤다. 히틀러는 "지배자 민족"인 독일인이 열등한 인간들인 "지배당하는 민족"과의 번식을 하면 희석되고 축소될 위험이 있다고 믿었다. 그래서 그는 두 가지 방법으로 이 과정을 막고자 하였다. 그것은 바람직한 형질을 촉진하기 위한 "적극적 우생학"과, 바람직하지 못한 형질을 제거하기 위한 "소극적 우생학"이었다. 나치 독일은 승인된 인종 형질을 가진 아이의 부모에게 인센티브를 제공하였고, "바람직하지 못한 사람"인 수백만의 유대인, 폴란드인, 집시, 동성애자들을 몰살하였다.

## 재검토와 재등장

제2차 세계 대전의 여파로 우생학 정책은 크게 신임을 잃었고 거부당했으며 1948년 유엔은 세계 인권 선언을 하였다. 헉슬리의 손자인 줄리안은 나치 독일에 대한 공포가 "앞으로 어떤 과격한 우생 정책도 정치적으로나 심리적으로 오랫동안 유지되는 것이 불가능할 것"을 의미한다는 것을 알았다. 그러나 그는 우생학의 철학이 미래에 다시 등장할 것을 확신하였다.

"왜 하나의 문명국가가 다른 국가에 비해 더욱 번성하고 강력해지며 넓게 퍼져나가는지, 왜 같은 국가 진보가 어떤 때에 다른 때보다 더 빠르게 진행되는지 설명하기는 매우 어렵다. 우리는 단지 국가의 진보가 인구의 증가, 우수성의 표준, 높은 지적·도덕적 능력을 타고난 사람의 숫자의 증가에 의존한다고 말할 수밖에 없는 것이다. 정신이 건강하려면 몸이 건강해야한다는 것을 제외하면, 신체 구조의 역할은 적은 것처럼 보인다."
– 「인류의 유래」, 1882

# 진화 vs 종교

진화론과 종교적 교리 사이의 싸움은 오늘날까지 계속되고 있다. 1925년 학교에서 종교와 과학의 가르침 사이의 모순을 지적한 유명한 재판이 있었다. 현대 시대에 성경 자체 내에서도 모순이 발견됨에도 불구하고 아직도 성경에 나오는 모든 문장을 문장 그대로 받아들이는 사람들이 있다. 또 다른 사람들은 다윈의 주장과는 다르게 신의 존재를 인정하는 진화론을 계속 지지하고 있다.

창조론자들은 성경을 문자 그대로 믿는다. 신이 6일 동안 우주를 창조하여, 모든 생물들을 완전히 형성하여 그 당시 지구에 놓아두었다는 것이다. 사실 1925년 테네시주에서 버틀러 교육법은 "성경에서 배운 인간의 신성한 창조 이야기를 부정하는 어떤 이론을 가르치는 것, 사람이 동물의 낮은 등급에서부터 유래했다는 것을 가르치는 것"을 불법으로 정했다. 이 새로운 법규는 지방 고등학교 교사인 존 스코프스가 다윈의 진화론을 가르쳐서 법을 깨뜨렸음을 주장하는 재판에서 심판되었다. 법정 논쟁은 성경이 진실인지에 대해 며칠 동안 계속되었는데, 특히 방어를 하는 변호사 클라렌스 대로우는 피고석에 있는 검사 윌리엄 제닝스 브라이언을 두고 그의 성경 지식과 기타 신념에 대해 반대 심문을 하였다.

"당신은 과학하는 모든 사람과 세상의 배움을 모욕했습니다." 대로우는 변론했다. "왜냐하면 그들이 당신의 바보같은 종교를 믿지 않았기 때문입니다." 대로우의 질문의 타당성에 대한 의문이 제기되었을 때, 대로우는 자신이 "미국의 교육을 통제하는 편견이 심한 사람과 무식한 사람"들을 막기 위해 변호하는 것이라고 대답했다.

판사가 기록에서 종교적 논쟁을 제외시키도록 하였고, 배심원단은 평결을 할 의무가 있었으며, 스코프스는 법정의 질문에서 자신이 문제의 그 법을 깨뜨렸다고 진술하였다. 스코프스는 $100의 벌금형을 받았지만 지불하지 않았고, 세부조항에 근거하여 그 사례는 뒤집혔다. 그러나 테네시주 법령 도서에 버틀러 교육법은 1967년까지 남아있었고, 진화에 대한 교육을 할 수 있도록 받아들여지기는 했지만 여전히 일부 미국 사회에서 논란의 주제로 남아있다.

## 지적 설계론

오늘날 다윈의 진화론은 진화가 어떻게든 신의 뜻에 의해 조종되었다는 개념으로 돌아간 "지적 설계론"의 지지자들의 공격을 받고 있다. 다윈은 일생동안 이 생각을 거부했었다. "오랫동안 지속되어 왔고 이전에는 확실해 보였던 자연의 설계에 대한 주장은 자연선택 법칙이 발견된 지금 잘못된 설명이 되었다. 예를 들어 아름다운 조개껍질 모양이 마치 사람에 의해 만들어진 문의 경첩과 같이 지능적인 존재에

존 T. 스코프스(1900~70) 축구 코치였는데, 그는 동료 교사가 결석했을때 대신 수업에 들어가서 자연선택을 말했다고 주장하였다.

"나는 「가축 및 재배 식물의 변이」라는
책 끝부분에서 이 주제를 논의해 왔고,
내가 아는 한 결코 그 논쟁에 대한 답이
내려진 적이 없었다."

의해 만들어졌음을 더 이상 주장할 수 없다. 바람이
부는 것에 설계가 필요하지 않듯이, 생물이 다양한
것에도 설계가 필요하지 않다."

지적 설계론에 대한 논쟁은 다윈 자신의 연구
에서 대부분 답변되었다. 그러나 생명을 만드는 것이
가능하게 하기 위해서는 우주가 창조주에 의해 "미세 조
정"되어야 한다는 새로운 논쟁이 생겨났다. 그러나 그러한
논쟁은 자기 지시적일 수밖에 없었다. 이것은 창조주의 존재의 증거
가 아니라, 생명은 단지 우리가 알고 있는 그 한계 내에서 존재해야만 한
다는 진술일 뿐이다.

"흉내낼 수 없는 완벽함"이라는 다윈의 생각은 새로운 논쟁의 중심들
중 하나가 되었다(97쪽 참조). 다윈은 자신의 굉장히 복잡한 인간의 눈을
설명함으로써 진화가 매우 충분히 설명되었다고 믿었지만, 현대 지적 설
계의 지지자들은 하위 원자 수준에서의 우주의 구성을 알기가 매우 어렵
고, 그것을 예측할 수가 없다고 하였다. 만약 다윈이 오늘날 살아있다면
우주를 "흉내낼 수 없는" 것으로 간주하였을 것인데, 우주를 다윈의 이론
으로 설명하기 어렵기 때문에 다윈의 이론에 대한 틀렸다는 증거가 된다
는 것이다. 그러나 이것도 자연선택이 틀렸음을 입증하지 않는다. 기껏해
야 "제1원인"이 존재한다는 증거가 될 뿐이다. 많은 이들이 "제1원인"을
부정하였지만 다윈은 결코 이것을 부인한 적이 없다.

에드워드 O. 윌슨은 다윈의 가장 유명한 도서의 2006년 버전에 대
한 후기에서 지적 설계론 지지자들이 그것이 작용한다는 것을 명백히 입
증할 수 있다면 과학 기득권층에 의해 비로소 환영받을 수 있을 것이라
고 반농담으로 언급하였다. "허용되는 과학의 틀 안에서 지적 설계론의
존재를 증명할 수 있는 연구원은 역사를 만들 것이고 영원한 명성을 얻
게 될 것이다. 그는 결국 과학과 종교 교리가 양립할 수 있다는 것을 증명
하게 되는 것이다."

지적 설계론의 수
호자들은    시계의
복잡함이    시계공이
존재한다는 것을 함축하
는 것과 같은 이치로 복잡한
세계의 존재가 창조주가 존재한다는 증거
를 보여주고 있다는 주장을 계속하였다.
그러나 다윈은 자연 속에서 자연선택에
의해 설명되지 못하는 것을 발견할 수 없
었다.

# 이기적인 유전자

생물학의 현대적 발전은 다윈의 아이디어에 대한 우리의 이해를 계속 정교하게 재해석 해주고 있다. DNA의 발견은 생명의 개별적인 구성 요소의 이해를 가능하게 했다. 그리고 우리는 심지어 유전자 치료와 유전 공학 분야를 이해하기 시작했다.

1869년, 스위스 연구자 프리드리히 미셔는 수술 붕대의 고름을 현미경으로 조사하여, 세포 핵 내의 미세한 물질을 발견하였다. 그는 이 물질을 "뉴클레인"이라고 불렀다. 뉴클레인이 각 구성요소들로 분해되기까지는 또 다시 50년이 걸렸고, 그 이후 1937년에 엑스레이로 그 구조가 밝혀졌다. 1953년에 제임스 D. 왓슨과 프란시스 크릭은 모리스 윌킨스와 로잘린 프랭클린이 엑스레이 연구로 얻은 증거를 바탕으로, 미셔의 "뉴클레인"이 광대한 핵산의 일부임을 밝혔다. 핵산은 생물 형태 전체를 만드는 정보를 담고 있는 사슬이다.

지금 데옥시리보핵산(DNA)으로 알려져 있는 이 체인은 부모와 자손 사이의 변이를 만들어내는 유성생식에서 재결합되는 생명의 기본적인 구성 요소라고 이해되고 있다. 이것은 85년 전의 다윈이 주장한 "제뮬"과 완전히 같은 것은 아니었지만, 꽤 근접한 것이다.

## 인간 게놈

1970년대부터 현대 생명과학자들은 인간을 형성하는 DNA "프로그래밍"의 전체 순서를 지도화 하려고 노력해 왔다. 이것은 어떤 DNA 조각이 어떤 생물 특성과 연결되는지를 알아내는 것을 포함한다. 각 요소들이 결정됨에 따라 특정 유전자 조각을 바꾸거나 복제하는 것이 가능하게 되었고, 태어나기 전에 어떤 형질을 바꾸는 것을 가능하게 만들었다. 예를 들어 우리는 눈 색깔을 변화시킨다던지, 특정한 질병에 대한 민감성을 제거할 수 있다.

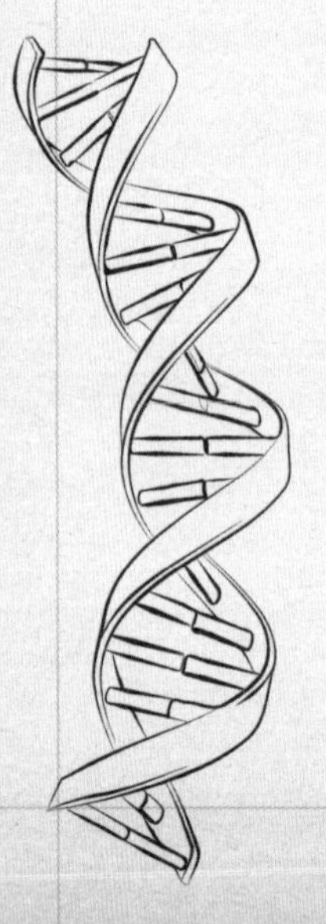
생물의 구성요소인 DNA
이중 나선의 특색있는 구조

> *"아마, 같은 성질을 가지고 변형되지 않고 질이 떨어지지 않은 제뮬이 특이적으로 결합한다는 것은 어느 정도 타당할 것이다."*

## 이타주의의 답변

진화 생물학자 리처드 도킨스는 다윈이 「인류의 유래」라는 책 속에서 처음으로 제기했던 이타주의 문제에 대한 잠정적인 설명을 제공하였다. 다윈은 다른 이들을 향한 이타적인 친절이 어떻게 자연선택의 긍정적인 특성이 될 것인지에 대한 의문을 가지고 있었고, 그의 일생동안 답변을 찾는 것에는 실패하였다.

그러나 도킨스는 그의 획기적인 책인 「이기적인 유전자(1976)」에서 선택의 단위는 포유류, 파충류, 또는 이와 유사한 생물이 아니라 유전자라고 제안하였다. 즉, 사람은 그저 영원히 죽지 않은 유전자의 운반책의 역할을 하는 것뿐이다. 따라서 자식이 없는 삼촌의 이타적인 희생은 그의 조카들 내의 유전자들이 전체 유전자 풀에서 큰 비율을 유지할 수 있도록 도와주게 된다. 유전자가 살아남기 때문에, 그것은 전혀 이타적이지 않은 행동인 것이다.

직접적으로 전해지는 유전자의 "유전자형"은 환경 속에서 발휘되는 개인의 "표현형"에 의한 효과에 의해 대체될 수 있다. 도킨스의 이론은 자연선택에서의 이타심의 역할 뿐 아니라, 자선 단체나 예술과 문학의 창조, 심지어 종교의 존재와 같이 처음에는 진화적 장점이 없어 보일지도 모르는 인간의 다른 노력들의 역할에 대해서도 설명할 수 있다.

## "밈"

「이기적인 유전자(1976)」에서 도킨스는 또한 그의 연구과정에서 정보 그 자체가 별개의 단위로 존재한다는 것을 상정하였는데, 정보가 반복적으로 출판되거나 혹은 소문을 통해 전파되거나, 심지어 복제 오류나 편집에 의한 돌연변이를 통해 "진화"하고 "번식"함을 밝혔다. 도킨스는 이러한 정보의 조각들을 "밈"이라고 불렀다. 이 용어 자체는 21세기에 진화하고 번창해온 것인데 지금은 현대 속어나 인터넷 풍습의 일부가 되었다.

## 바이스만 장벽에 문제가 있다

현대 생물학은 또한 라마르크 이론의 부활을 보여주었다. "역전사" 효소의 발견은 몇몇 레트로바이러스가 유전자의 특성을 물리적으로 변화시킬 수 있는 힘을 가지고 있다는 것을 보여주었다. 이것은 면역 시스템이 이전에 생각했던 것보다 기하급수적으로 더 빠른 속도로 진화할 수 있다는 것을 알려줄 뿐 아니라, "바이스만 장벽"이 절대적인 것은 아니라는 것도 알려준다.

헤켈의 신념과 반대로(그러나 다윈의 신념과는 일치하게도) 특정 질병에 대한 면역성과 같은 몇몇 획득 형질은 실제로 변경된 유전자를 통해 자손에게 전달될 수 있다. 이것은 다윈의 진화론을 위협하는 것이 아니며, 몇몇 획득 형질이 유전된다는 라마르크의 초기 이론의 일부가 신빙성이 있다는 것만을 설명한다.

### 미혼남의 무리

어떤 사람들은 인간 게놈 지도를 만드는 것이 우생학의 다른 모습이 될 것이며, 부모들이 태어나지 않은 자녀의 특성을 선택할 수 있는 잠재성을 가지고 있게 될 것이라고 경고하였다. 연구를 통해 남아를 강하게 선호하는 문화권에서 이미 일부 부모들이 여아를 낙태하는 정도로까지 나아갔음이 밝혀졌다. 한 가지 두려운 것은 자녀의 성별을 미리 선택할 수 있게 되면, "미혼남의 무리"라는 결과를 가지고 올 수 있다는 것이다. 이들은 파트너를 찾는 것에 거의 희망이 없는 미혼남들의 세대로, 범죄와 사회 복지 그리고 미래 세대에 영향을 주게 될 것이다.

모리스 윌킨스 박사는 제임스 왓슨과 프란시스 크릭과 함께 "핵산의 분자적 구조와 살아있는 물질에서 정보를 전달하는 핵산의 의의에 대한 발견"으로 1962년 생리 의학 부분에서 노벨상을 수상하였다.

# 이름들과 장소들

다윈은 전 세계에 이름을 남겼다. 다윈의 이름은 그의 책이나 이론 뿐 아니라 장소명, 은행지폐와 주화, 그리고 대중문화에서 찾을 수 있다. 그의 출생 200년 후이자 「종의 기원」 출판 150년 후, 그의 생각은 여전히 논란을 만들어 내고 있으며 연구를 고무시키고 있다. 그의 이름은 생물학 세계에서 강력한 상징이며, 벤처 기업들이 행운을 얻기 위해 그의 이름을 빌려 쓰고 있다.

**갈라파고스의 새**
이 새의 자연선택이 1977년에 과학자들에 의해서 실제로 관찰되었다.

1833년 1월 29일, 티에라 델 푸에고의 빙하 덩어리가 비글호의 반대편 해안 위로 떨어졌다. 배에 있던 다윈과 몇몇 사람들은 물결이 보트들을 뒤덮을 것을 걱정하였고, 보트들을 얕은 곳으로부터 안전하게 끌어내었다. 다윈은 자신이 용감해서 그 일을 한 것이 아니었고 티에라 델 푸에고에서 보트 없이 고립될 것에 대한 두려움 때문에 그 일을 한 것이라고 고백하였으나, 피츠로이는 다윈의 용감한 행동을 기려 이 장소를 다윈 해협이라고 이름 붙였다. 세계의 다른 많은 장소들도 비슷한 방법으로 다윈을 따라 이름이 붙여졌는데, 이는 다윈이 항해하는 동안 뿐 아니라 다윈이 없는 비글호의 이후 항해에서도, 그리고 그의 죽음 이후 몇 년이 지난 후에도 계속되었다.

1834년 2월 12일, 비글호에 승선하였던 피츠로이 선장은 티에라 델 푸에고 산의 가장 높은 봉우리를 다윈의 25주년 생일을 기념하여 다윈이라고 이름 붙였다. 또 다른 다윈은 포클랜드 제도에 있는데, 이곳은 포클랜드 전쟁 동안의 전투지였다. 캠브리지에 있는 다윈 대학은 한때 다윈가의 소유였던 땅에 세워졌으며, 다윈의 초상화가 아직 걸려 있다. 유명한 과학자의 이름을 딴 다른 많은 장소 중에서 가장 주민이 많은 곳 중 하나는 북부 호주에 있는 다윈의 도시이다. 이 지역은 비글호의 선장으로 피츠로이의 후임자가 된 다윈의 이전 동료 선원 존 클레멘트 위컴에 의해 이름 붙여졌는데, 그는 1839년 이 지역에 도착했고 잘 알려지지 않은 연안 거주지의 이름을 다윈의 이름을 따서 붙였다. 다윈의 이름은 장소에 붙여졌을 뿐만 아니라 세계적으로 통화와 우표에서도 사용되고 있다. 그는 2003년에 영국 10파운드 지폐에서 찰스 디킨스를 대신했는데, 그것은 다윈 수염의 복잡함이 지폐의 위조를 어렵게 만들었기 때문이었다. 2009년 다윈을 기념하는 해에, 2파운드 기념주화도 다윈의 이미지를 띠고 있다. 한편 포클랜드 군도의 50펜스 동전은 다윈이 멸종할 것이라고 예측했던 동물인 포클랜드 늑대의 이미지가 새겨져 있다.

## 진화의 단위

1949년, 과학자 J.B.S. 홀댄은 진화적 변화는 다윈스라고 불리는 단위

> *"자연을 경배하는 사람들이 또 다른 행성을 보고자 강하게 염원하는 것은 얼마나 멋진 일인가."*

로 측정이 가능하다고 제안하였다. 다윈의 값은 백만 년의 기간 동안 특정한 특성의 변화율이라는 공식에 의해 계산된다.

　그러나 모든 진화적 변화가 몇 백만 년 만에 일어나는 것은 아니다. 다윈이 갈라파고스 섬의 조류에 대한 연구를 했었기 때문에 그 이후의 연구자들도 이 지역의 핀치새에 더욱 관심을 가지고 있었다.

　1977년 가뭄 기간 동안, 중간 크기의 부리를 가지고 있던 핀치새의 부리가 4% 커진 것이 발견되었다. 부리 크기의 증가는 핀치새가 가뭄의 막바지에도 보존되는 더 큰 씨앗을 먹을 수 있도록 하였고, 새롭게 진화한 부리 크기를 가진 핀치새들은 이전의 작은 부리를 가진 새들보다 그 수가 훨씬 더 많이 증가하였다.

### 다윈 상

런던 동물학 협회는 매년 동물학 분야에서 뛰어난 능력을 보여주는 학생에게 다윈 상을 수여한다. 그러나 다윈 상의 영광은 진지하지 못한 다른 다윈 상에 의해 가려졌다. 우스꽝스러운 다윈 상은 유전자 풀에서 열등한 자신을 자발적으로 제거함으로 인류에 우월한 유전자를 남기는 것에 공헌한 사람들을 기리기 위해서 고안되었다. 이 다윈 상은 뛰어난 것, 가끔 출처가 의심스러운 것, 대게 치명적으로 어리석은 순간들에 수여되었다. 다윈 상을 받은 행동의 예에는 수류탄으로 저글링을 하거나, 45개의 헬륨 풍선을 의자에 묶거나, 어리석게도 "방탄조끼"를 입고 그 효능을 테스트하는 것 등을 포함한다.

## 다른 세계들

　다윈은 심지어 지구 밖까지 영향을 주었다. 다윈이 전 세계를 여행하는 데 사용하였던 배의 이름을 딴 비글2호는 2006년 화성 표면에 도달하기 전에 무선 연결이 끊긴 불운한 무인 우주 탐사선이었다. 또한 소행성과 유럽 우주국에 의해 제안된 프로젝트도 다윈의 이름을 따랐다. 다윈 비행은 태양계 밖의 행성에 생명체가 존재한다는 증거를 찾기 위해, 세 개의 스페이스망원경을 궤도 내에 넣는 것을 목표로 하고 있다. 지구 밖의 생물체를 발견하는 것과 전적으로 외계의 조건 아래에서 진화의 방향을 조사하는 것은 다윈이 꿈꿨던 것이었다.

"무지는 지식보다 더 자신감을 가지고 있다. 이런저런 문제들이 과학에 의해 절대 해결되지 않을 것이라고 적극적으로 주장하는 사람은 지식이 많은 사람이 아니라 무지한 사람이다."

－ 「인류의 유래」

"클럽가입에 제한을 두지 않습니다.,"

1915. 3.18 라이프지 게재

다윈 클럽의 레아 이반

# Bibliography and References

Researchers in the 21st century are lucky to have access to a superb Internet-based resource: The Complete Works of Charles Darwin Online, collating not only searchable versions of Darwin's publications in all their variant forms, but much of the correspondence, books that inspired him, illustrations, and explicatory essays. http://darwin-online.org.uk

An enterprise of similar immensity can be found at The Darwin Correspondence Project, which aims to provide an online compendium of every letter written both by and to Darwin. www.darwinproject.ac.uk


Auerbach, J. and Hoffenberg, P. (eds.) *Britain, the Empire, and the World at the Great Exhibition of 1851*. Aldershot: Ashgate, 2008.

Beer, G. *Darwin's Plots: Evolutionary Narrative in Darwin, George Eliot and Nineteeth-Century Fiction*. Cambridge: Cambridge University Press, 2000.

Bowler, P. *The Eclipse of Darwin: Anti-Darwinian Evolution Theories in the Decades around 1900*. Baltimore: Johns Hopkins University Press, 1983.

Browne, J. *Charles Darwin: Voyaging*. London: Pimlico, 2003.

_____. *Charles Darwin: The Power of Place*. London: Pimlico, 2003.

Burkhardt, F. (ed.) *Charles Darwin: The Beagle Letters*. Cambridge: Cambridge University Press, 2008.

Cadbury, D. *The Dinosaur Hunters: A True Story of Scientific Rivalry and the Discovery of the Prehistoric World*. London: Fourth Estate, 2001.

Cobbe, F. *Life of Frances Power Cobbe, as Told by Herself, with Additions by the Author*. London: Swan Sonnenschein, 1904.

Colp, R. *Darwin's Illness*. Gainesville: University Press of Florida, 2008.

Darwin, C. *Autobiographies*. Harmondsworth: Penguin, 2002.

Dawkins, R. *The Selfish Gene*, 2nd edition. Oxford: Oxford University Press, 1989.

_____. *The Extended Phenotype*. Oxford: Oxford University Press, 1989.

_____. *The Blind Watchmaker: Why the Evidence of Evolution Reveals a Universe Without Design*. Harmondsworth: Penguin, 1999.

_____. *River Out of Eden: A Darwinian View of Life*. London: Phoenix, 2001.

Desmond, A. and Moore, J. *Darwin*. Harmondsworth: Penguin, 1991.

_____. *Darwin's Sacred Curse: Race, Slavery and the Quest for Human Origins*. Harmondsworth: Allen Lane, 2009.

Johnson, P. *Darwin on Trial*. Westmont, Illinois: InterVarsity Press, 1993.

Keynes, R. *Annie's Box: Charles Darwin, His Daughter and Human Evolution*. London: Fourth Estate, 2001.

Lustig, A. "George Eliot, Charles Darwin and the Labyrinth of History," in *Endeavour*, Vol. 23, no. 3, 1999, pp. 110–13.

Raby, P. *Alfred Russel Wallace: A Life*. Princeton: Princeton University Press, 2002.

Slotten, R. *The Heretic in Darwin's Court: The Life of Alfred Russel Wallace*. New York: Columbia University Press, 2006.

Steele, E. et al. *Lamarck's Signature: How Retrogenes are Changing Darwin's Natural Selection Paradigm*. Sydney: Allen & Unwin, 1998.

Stott, R. *Darwin and the Barnacle*. London: Faber and Faber, 2003.

Wilson, E. (ed.) *From So Simple a Beginning: The Four Great Books of Charles Darwin*. New York: Norton, 2006.

# Index

# Credits

All original artwork by Rob Brandt © Quid Publishing. (PD = public domain images) Other images credited as follows: